LAURA FLORES GARCÍA
GUILLERMO RODRÍGUEZ PINTO

Si no funciona, ¡EVOLUCIONA!

TODO LO QUE
NECESITAS SABER SOBRE
LA HISTORIA DE LA VIDA

OBERON

Responsable editorial:
Víctor Manuel Ruiz Calderón

Diseño de cubierta:
Celia Antón Santos

© EDICIONES OBERON (G. A.), 2025
Valentín Beato, 21. 28037 Madrid
Depósito legal: M. 26.185-2024
ISBN: 978-84-415-5166-4
Impreso en España

PAPEL DE FIBRA
CERTIFICADA

De Laura:
A mis padres, a mi hermana Raquel,
a Marisol y a Fabio.

De Guille:
A mis padres y a mi hermana, Amanda.

A todos nuestros polizones, que nos habéis apoyado
siempre en nuestra aventura divulgativa.

A la gente que ha creído en nosotros. Y, sobre
todo, a los que nos habéis preguntado
«¿cómo lleváis el libro?».

ÍNDICE

PRÓLOGO: BIENVENIDOS A BORDO

¿Tú sabes por qué tienes dedos con uñas?

Es la mejor manera de empezar una conversación que se nos ha ocurrido. Piénsalo, podrías tener zarpas o tener pezuñas. O imagínate que no tuvieras dedos, eso sería debido a... ¿un accidente con una motosierra? Posiblemente. Pero nosotros nos referimos a la EVOLUCIÓN.

Somos Laura y Guille y estamos aquí para hablar de la evolución, la vida, el universo y todo lo demás. Si nos conoces de *El Camarote de Darwin*, ya sabes de qué va esto, querido polizón. Pero si es la primera vez que sabes de nosotros, no te preocupes. Siempre es bueno contar con nuevos grumetes a bordo.

Vamos a presentarnos un poco, para los que no saben de nosotros. Por un lado tenemos a Laura, que es una brillante bioquímica, investigadora y además, una chica fuerte (literalmente le encanta entrenar fuerza). Por el otro está Guille, un biotecnólogo con mucha imaginación, que con su ingenio encuentra soluciones para todo (bueno, lo de madrugar los lunes no tiene arreglo). Y a ambos nos encanta divulgar CIENCIA.

La ciencia mola (¿aún dicen lo de molar los jóvenes?), pero para que sea así hay que hacerla accesible y amena para todos. Y esa es la intención de este libro que tienes entre las manos. Pero tranquilidad, este no es un libro denso, ni tremendamente detallado, ni con un lenguaje complejo. Nuestro objetivo es que sea como un túnel de lavado para coches y que tras salir te hayas empapado, pero de conocimiento.

Entre todos los posibles temas que ofrece la ciencia, ¿por qué hemos elegido la evolución? Pues porque es una historia curiosa, compleja y llena de casualidades. Y vamos a ser sinceros, este no es el libro definitivo sobre este tema, ni tampoco tiene una profundidad como la de la fosa de las Marianas. El objetivo es que tú, ser con base de carbono con habilidades lectoras, adquieras unos conocimientos generales lo bastante amplios que te permitan sacar un tema de conversación en tu próxima comida familiar lo bastante interesante para dejar el fútbol y la política en un segundo plano. Y que te lleves unas curiosidades de regalo.

La otra cuestión que queremos aclarar es cómo hemos llegado a escribir un libro. Pues te vas a sorprender porque nuestra historia está llena de elementos propios de la mejor teoría evolutiva.

Verás, todo comienza en una clase de primero en la carrera de Biología. En ese *ecosistema,* por cuestiones de *distribución de individuos*, acabamos ambos sentados en la grada de la izquierda de la clase. Esto es importante, pues la proximidad entre seres vivos en un ecosistema es clave para que surjan *interacciones*. Y así ambos nos hicimos amigos.

Estuvimos conviviendo durante tres años de clases, prácticas de laboratorio, fiestas, cafés, viajes y horribles épocas de exámenes. Podríamos contarte muchas «batallitas» de esa época. Pero lo importante es que nuestra amistad, junto con otros miembros del grupo, se fue reforzando durante esos cuatrimestres.

Pero surgió un cataclismo: Laura decidió hacer la especialidad de Bioquímica y Guille la de Biotecnología. Por lo tanto, hubo una *diferenciación*, ya que ambos ya no éramos biólogos, sino otra cosa. Esta divergencia en nuestra formación nos hizo *evolucionar* dando lugar a nuevas versiones nuestras. Esto también supuso un *distanciamiento geográfico*. Laura decidió probar suerte estudiando e investigando en el extranjero como una *especie cosmopolita*, mientras que Guille decidió quedarse como un *ubiquista* y no realizar un *proceso migratorio*. ¿Cuál fue la decisión correcta? Pues ninguna y ambas, ya que eso nos hizo madurar de formas diferentes.

Tras esto, hubo un impás temporal en el que la distancia hizo que nuestros caminos estuvieran separados en el tiempo y en el espacio, cual especies en un *árbol filogenético*. Pero resultó que Laura volvió, propuso quedar y nos pusimos al día. Así nos dimos cuenta que estábamos bastante en sintonía y que habíamos tenido una *evolución convergente*, lo cual renovó nuestra amistad. Y así seguimos en contacto por medio de redes sociales y *tróficas*, pues en su momento quedamos para comer.

Pero ocurrió un suceso que supuso un *factor de presión* que nos haría evolucionar de nuevo. Una pandemia global que puso a prueba al mundo. El pasar mucho tiempo en casa fue el mecanismo de *selección natural* que impulsó a proponer una idea: hacer un pódcast. Pero, claro, para ello ambos teníamos que estar de acuerdo en cómo llevarlo a cabo y, por supuesto, querer hacerlo. Como dos *alelos recesivos* de un *gen*, teníamos que tener ambos la misma disposición, y así fue. Nació de esta manera *El Camarote de Darwin*, la emisora clandestina a bordo del Beagle. Este pódcast reunía aquello que nos representaba, tenía unos *genes* propios que ambos compartimos: ciencia, cosas frikis y humor (y un mapache llamado Ataulfo).

Y así comenzó la andadura del pódcast mientras se iba *adaptando a su entorno*. Convirtiéndose en un ser polivalente que se fue habituando no solo al formato pódcast, sino también al de los directos, mostrando nuestras caras, buscando nuevos *nichos* para asegurar su *supervivencia*. En *competencia* (sana) con otros divulgadores que, por suerte, son una especie abundante. Y entonces llegó esta oportunidad literaria, que de nuevo ha puesto a prueba nuestras habilidades para seguir evolucionando, porque escribir un libro no es cosa fácil.

Es una historia larga, pero llena de metáforas evolutivas. Y no te preocupes si ahora estos términos te suenan desconocidos. Cuando acabes el libro puedes releer este prólogo y verás como todo tiene más sentido.

Estos constantes vientos de cambio impulsan las velas de *El Camarote de Darwin* a mejorar con un fin. ¿Sobrevivir? Bueno, sí. Pero sobre todo llevar la ciencia a la gente y alegrarles el día mientras aprenden algo.

Por eso, ahora nos dirigimos a ti, persona que sostiene este libro con sus dedos con uñas. Debemos agradecerte que estés ahí y que, de una forma u otra, nos hayas conocido. Esperamos que esta, nuestra primera aventura literaria, te enseñe algo de evolución, te entretenga y te anime a querer conocer más.

Somos Laura y Guille, sube a bordo en este evolutivo viaje.

1. ¿DE QUÉ VA ESO DE EVOLUCIONAR?

Cuando hablamos de evolución, algunos se imaginan un mono convirtiéndose en humano de la noche a la mañana. Otros piensan en humanos con cabezas gigantes y pulgares larguísimos. Algunos incluso piensan en Pokemon y los cambios de forma instantáneos que sufren cuando alcanzan cierto nivel de experiencia. Que, por cierto, por muy grande que sea el Pokemon, sigue cabiendo en esa minúscula pokeball del tamaño de una pelota de tenis. Pokemon no es solo un misterio evolutivo, sino también físico, porque si compactas los átomos en una esfera tan pequeña, entonces la densidad...

Pero volviendo al tema de este libro, ciertamente sería mucho más fácil demostrar que la evolución es algo real si sucediese en un tiempo que nuestra mente humana pudiera comprender y experimentar en ese mismo momento. Sin embargo, la evolución es algo que ocurre tan lentamente que, excepto en casos muy particulares, no podremos experimentarlo en una vida humana. Pero eso no significa que no esté ocurriendo.

LOS GAMUSINOS TAMBIÉN TIENEN DERECHO A EVOLUCIONAR

La definición más sencilla de evolución que hemos encontrado es la de la Real Academia Española que define «evolución» como el proceso de transformación de las especies a través de cambios producidos en sucesivas generaciones. Es una definición muy laxa, que no es algo negativo *per se*, aunque está abierta a muchas posibles interpretaciones, vamos, que se queda corta. Y es que resulta que puede darse evolución sin que la especie cambie de forma o se «transforme», dado que para que esa transformación sea algo visible, deben acumularse muchos cambios pequeños durante mucho tiempo. Los cambios pequeños e invisibles también podemos considerarlos evolución.

Pensemos en una criatura cuyo aspecto podamos imaginar claramente, como, por ejemplo, los gamusinos. Dentro de su especie hay dos posibilidades de color de ojos: negro y violeta. En el momento en que empieza nuestro ejercicio de imaginación tenemos una población con un 75 % de gamusinos con los ojos negros y un 25 % de gamusinos con los ojos violeta. Por alguna razón, ese porcentaje se ha mantenido estable durante miles de años y por tanto no ha habido evolución para esa característica. Pero un evento específico, pongamos un malvado virus que infecta a esa población de gamusinos y que viene con ganas de fiesta, tiene una predilección por los gamusinos con ojos negros. Imagina que es un virus de la conjuntivitis mutante y su infección tiene que ver con un proceso relacionado con los ojos de manera indirecta; y que por alguna razón molecular, les afecta.

Tras unas cuantas oleadas de epidemia de nuestro virus, tristemente habrá muchos menos gamusinos y la mayoría de los que no lograron sobrevivir eran de ojos negros. Por lo tanto, habrá un cambio en la distribución de ese gen de color de ojos. Ahora tenemos un 40 % de gamusinos de ojos negros frente al 75 % anterior. Si ese virus se queda en nuestra población de gamusinos y se van produciendo infecciones eventuales que no permiten volver a los porcentajes iniciales (y esto puede mantenerse durante generaciones) entonces habrá habido un cambio en la proporción de gamusinos según su color de ojos, predominando entonces los de color violeta. Y eso también es evolución. No necesitamos que a nuestro gamusino le salgan alas, cuernos, pelos multicolores ni se convierta en un animal imaginario.

Porque todos sabemos que los gamusinos existen y se cazan de noche para que conserven su sabor. Con que haya cambios en las proporciones de la información genética (en este caso la que dice el color de ojos), los biólogos ya lo consideramos evolución.

Este tipo de evolución a pequeña escala sí podemos observarla los humanos en nuestro periodo de vida. Sobre todo con pequeñas especies que se reproducen muy rápido y dan lugar a muchas generaciones en un corto periodo de tiempo. Como insectos, bacterias o incluso esos «malvados» virus.

Durante la pandemia de COVID-19, todos leíamos en las noticias sobre nuevas cepas que surgían cada pocos meses o incluso semanas. En organismos que se multiplican millones de veces al día dentro de nuestras células, que lo hacen de manera extremadamente rápida (cometiendo pequeños errores al producir sus nuevas copias) y bajo la vigilancia de un sistema inmunitario entrenado para detectarlos, la evolución ocurre a pasos agigantados. Estas nuevas cepas tenían la misma pinta que las anteriores, pero su capacidad infectiva y de atacar al sistema inmunitario sí era posible medirla. Cuando aparecen nuevas cepas de un virus y se extienden rápidamente en la población, también es evolución.

Por lo tanto, cada vez que oigas que la evolución no es algo que los humanos podamos medir, puedes estar seguro de que eso no es cierto. Durante los capítulos de este libro veremos además las diferentes maneras que tenemos los científicos de demostrar que la evolución ocurre y estudiar el ritmo, las razones y los mecanismos que la producen.

Para que veas lo locos y obsesionados que estamos los científicos con la evolución te vamos a contar uno de los experimentos más geniales (y largos) que existen sobre esta temática, pues se está midiendo la evolución de una bacteria en un laboratorio desde 1988.

ANTES TODO ESTO ERA CAMPO

El biólogo evolutivo Richard Lenski se preguntó si podía diseñar un experimento que le permitiera aprender sobre la evolución. Él quería saber a qué velocidad puede ocurrir la evolución, si se repiten los mismos cambios y, además, aprender la relación entre los cambios moleculares y lo que le ocurre a una célula.

Tras varias noches sin dormir (esto es para dramatizar), ideó así este experimento infinito, en el que partiendo de 12 cultivos líquidos de la bacteria más famosa del mundo (*Escherichia coli*) cada día se transferiría un 1 % a un nuevo cultivo. ¡Cada día desde 1988! Esto quiere decir que cada una de esas 12 poblaciones experimenta unas 6,64 generaciones al día. Haciendo cuentas, se calcula que en 2022, se habían producido 75 000 generaciones en cada una. Durante todos estos años, se han ido tomando muestras de los cultivos y se analizan genéticamente para observar los cambios en su ADN, pero también se hacen experimentos de velocidad de reproducción, tamaño celular, metabolismo, etc. A raíz de este experimento se ha obtenido mucha información valiosa y todavía hoy, con técnicas mucho más avanzadas en computación, análisis genético y de ómicas (ciencias que estudian grandes cantidades de datos en biología) se siguen recopilando datos muy interesantes al comparar qué tipo de evolución ocurre en los 12 cultivos.

Algunos cambios han ocurrido en casi todos los cultivos, mientras que otros han ocurrido solo en uno. Esto nos indica que hay ciertos cambios que son más probables bajo ciertas condiciones (en este caso temperatura, cantidad y tipo de alimento, velocidad de agitación del cultivo) y otros son menos probables. Seguramente los más probables conlleven menos cambios y un gran beneficio, mientras que los cambios evolutivos raros requieran muchas mutaciones y sea más difícil obtenerlos estadísticamente hablando.

ESTÁ VIIIIIIVA! ¿PERO CÓMO?

Para explicar la evolución hemos hablado de cambios y la manera en que deben mantenerse dichos cambios en el tiempo. Pero ¿qué son exactamente esos cambios que producen la famosa evolución? Para entender cómo ocurre esto tenemos que saber qué es una célula y cuál es su funcionamiento básico. No nos mires así, algo de teoría tenía que entrar en el libro, es solo para ponernos en contexto, seremos breves. Promesa de científicos.

Una célula, en el ámbito de la biología, es la unidad más pequeña que puede vivir por sí sola.* Forma todos los organismos vivos y, si hablamos de organismos pluricelulares, cuando las células se agrupan y especializan forman los tejidos del cuerpo. Las células tienen toda la información de cómo deben funcionar en una molécula llamada ADN (ácido desoxirribonucleico). Este ADN puede estar en forma lineal (cromosomas en forma de X, como los nuestros) o en forma circular (como en las bacterias, que tienen un único cromosoma que forma un aro).

El ADN es como si fuera una cadena hecha de eslabones, pero tenemos 4 tipos diferentes de eslabones. Cada uno de ellos es lo que llamamos nucleótido y como los 4 nombres son un poco pesados de decir todo el rato, los hemos denominado por su primera letra. Así a la Timina la hemos llamado T, a la Adenina A, a la Guanina G y a la Citosina C. Tendremos así una «cadena» de millones de eslabones, siendo solo posibles las 4 letras: AGTC. El ADN de una célula o de una especie puede ser todo lo largo o corto que necesite.

---

* Por cierto, nunca le preguntes a un biólogo si un virus es un ser vivo, haznos caso, es por tu bien.

Cuatro pueden parecer pocas variantes, pero en realidad es la infinita cantidad de combinaciones de estas 4 posibles letras lo que hace que este sistema cuaternario pueda contener toda la información de lo que es una célula, y, por tanto, un organismo. Al fin y al cabo, toda nuestra computación está basada en un sistema binario de unos y ceros. Si ya con eso hemos llegado a la Luna (al margen de conspiraciones), desarrollado sistemas informáticos, creado inteligencias artificiales y codificado los vídeos de gatitos de internet, imagínate lo que se puede hacer con un sistema cuaternario, las posibilidades son casi casi casi infinitas.

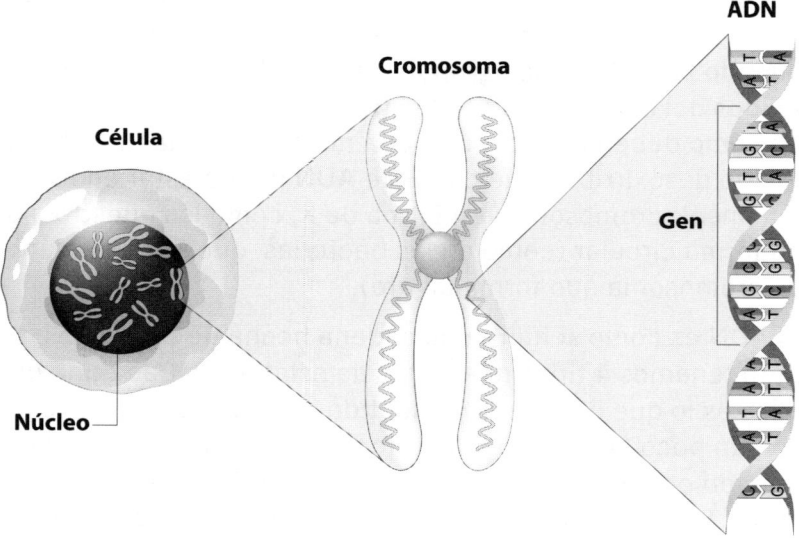

Figura 1. Resumen de conceptos básicos de genética.

Nuestras células tienen por tanto la capacidad de «leer» este ADN para realizar las acciones necesarias para estar vivas: buscar y metabolizar el alimento, producir nuevos componentes celulares, responder a su entorno, moverse o incluso reproducirse.

DE TAL PALO TAL ASTILLA

Pero una célula existe en un ambiente, y como todo en este universo, ese ambiente es cambiante. ¿Qué pasaría si esa información que contiene el ADN no pudiera corregirse de vez en cuando? Pues efectivamente, llegaría un momento en que ese metabolismo, esa resistencia a temperatura y esa manera de moverse no serían las adecuadas para esas circunstancias y toda la vida terminaría muriendo tarde o temprano. Pero desde que surgió la vida (hace 3800 millones de años) hasta hoy, ha habido cambios brutales en el ambiente y aun así la vida siempre ha encontrado el camino (ya lo aprendimos en *Jurassic Park*). ¿Cómo ocurre esto?

Pues equivocándose (como tú con tu ex). No es broma. Cometer errores, al menos en el caso del ADN, es lo que otorga a la vida la capacidad de adaptarse a ese ambiente cambiante, o al menos mejorar sus capacidades de supervivencia.

El ADN, cuando una célula se reproduce, ha de ser copiado para después pasar una copia a cada célula hija. Y la verdad, ¿has intentado escribir un libro de millones de páginas sin confundirte ni una sola vez? Seguro que si te pusieras a copiar este capítulo algún error se te colaba. Nosotros no lo hemos conseguido, pero por suerte hoy en día los errores en el Word se solventan en un plisplás pulsando F7 en el teclado. Nos sorprende cómo sobrevivían los usuarios de las máquinas de escribir sin el botón de retroceso. Un dedo en falso y toda la página a la basura. Sin embargo, en el ADN un errorcillo de vez en cuando puede significar algo increíble.

Gracias a la suma de millones de errores durante millones de años, a partir de una pseudobacteria primitiva, tenemos hoy la más increíble biodiversidad. Desde un hermoso pajarito de colores hasta un monstruoso animal de las profundidades marinas que parece sacado de un relato de H. P. Lovecraft.

COPIANDO A MANO

Una característica esencial del ADN es que se encuentra en una doble cadena, que se enrolla sobre sí misma. Para poder leerla, tanto para leer sus instrucciones como para copiarla, hay que abrir esta doble hebra. Es algo similar a dos cuerdas que están enrolladas una en la otra, pero no tan apretadas como para no poder separarlas en un punto dado.

Además, la segunda hebra tiene la información en modo inverso a la primera. Ya sabemos que las letras del ADN se unen como eslabones (de lado a lado) pero también tienen la capacidad de unirse de frente. Un eslabón puede ir al lado de cualquier eslabón, sin embargo, para estar uno enfrente del otro, tiene que ser la pareja perfecta. La A se une solamente con la T y la G con la C. Así, es increíblemente fácil saber qué hay en la segunda hebra cuando tenemos la secuencia de la primera. Es lo que se denomina pares de bases, ya que cada base (como llamamos a esta parte del ADN) tiene su par y no puede hibridar con otra diferente.

Veamos un ejemplo. Tenemos una cadena de ADN con una secuencia tal que así:

AGT GCA GCT AAA GGC CTA

Para saber qué hay en la segunda hebra, solo tengo que rellenar el puzle con la pareja perfecta de cada una y tendré la secuencia en la línea 2. A con T y G con C.

1. **AGT GCA GCT AAA GGC CTA**

2. **TCA CGT CGA TTT CCG GAT**

Esa secuencia de doble cadena estará realmente en forma de doble hélice y podrán separarse si se necesita copiar. Y así ocurre, pero no es tan instantáneo como nos imaginamos.

En el mundo de la biología, la imprenta de Guttemberg todavía no ha sido inventada. Las células literalmente copian su ADN letra a letra. Una proteína, llamada ADN polimerasa, va leyendo a toda velocidad los millones de letras del ADN y va añadiéndolas luego una a una.

La manera en que ocurre es ciertamente «inteligente» ya que las hebras se separan y cada una de ellas se utiliza de molde para generar la hebra hija correspondiente. De esta manera, una doble hebra se habrá separado y cada una de ellas va a una nueva célula hija. Esa nueva célula hereda por tanto una hebra vieja y una hebra nueva que se acaba de construir en el proceso de copiado.

Imaginemos nuestra secuencia inicial de doble hebra. (En negrita las hebras originales, y en formato normal las nuevas hebras hechas por la ADN polimerasa).

1. **AGT GCA GCT AAA GGC CTA**

2. **TCA CGT CGA TTT CCG GAT**

Estas hebras se van a separar y usar como molde, quedando cada una de las copias así:

1. **AGT GCA GCT AAA GGC CTA**

   TCA CGT CGA TTT CCG GAT

2. **TCA CGT CGA TTT CCG GAT**

   AGT GCA GCT AAA GGC CTA

Enhorabuena, acabas de comprender uno de los secretos de la vida. Cómo se copia el material genético. Lo que dice cómo eres y lo que le dice a una bacteria cómo tiene que «actuar». Esto se describió por primera vez en 1958 gracias a uno de los experimentos más bonitos de la biología.

MI ADN PESA MÁS QUE EL TUYO

Los investigadores Meselson y Stahl demostraron que la replicación es semiconservativa (que así es como se llama cuando una hebra va para cada célula hija) gracias a la bacteria *E. coli* (de nuevo, nuestra vieja amiga al rescate para ayudarnos a entender la vida). Para entender el experimento hay que saber que el ADN también tiene nitrógeno en su composición.

Decidieron hacer crecer un cultivo de esta bacteria con alimento que contenía un isótopo del nitrógeno un poco más pesado que el normal (15N) pero sin ser radiactivo ni perjudicial para las células (es solo que es menos abundante en la naturaleza y necesitamos concentrarlo para poder usarlo en experimentos). El resultado fue una bacteria cuyo ADN era más pesado que el típico (que usa 14N). Es decir, cuando se centrifuga en un tubo con una solución densa, avanza más rápido que el ADN de peso normal. A esta generación la llamaron parental (P).

Después utilizaron unas pocas de estas bacterias en un nuevo cultivo que contenía alimento con 14N, el más ligero y común, y esperaron un ciclo de reproducción. Analizaron entonces la primera generación (G1).

Si la replicación del ADN hubiera sido conservativa 100 % (en una nueva doble hebra hecha de cero) tendríamos la mitad de las bacterias con ADN pesado y la otra mitad con ADN ligero, sin embargo, todo el ADN de ese cultivo salió con un peso intermedio. Demostrando que cada una de las hebras había sido utilizada como molde para crear la nueva hebra hija.

En la segunda generación (G2) vieron que había ADN de tamaño intermedio (14N + 15N) y además una nueva curva de tamaño ligero (14N). Esta era la generación que había salido de la hebra nueva surgida en G1.

Si esto sigue indefinidamente, la cantidad de hebras de 15N será cada vez más pequeña hasta prácticamente desaparecer (estadísticamente hablando).

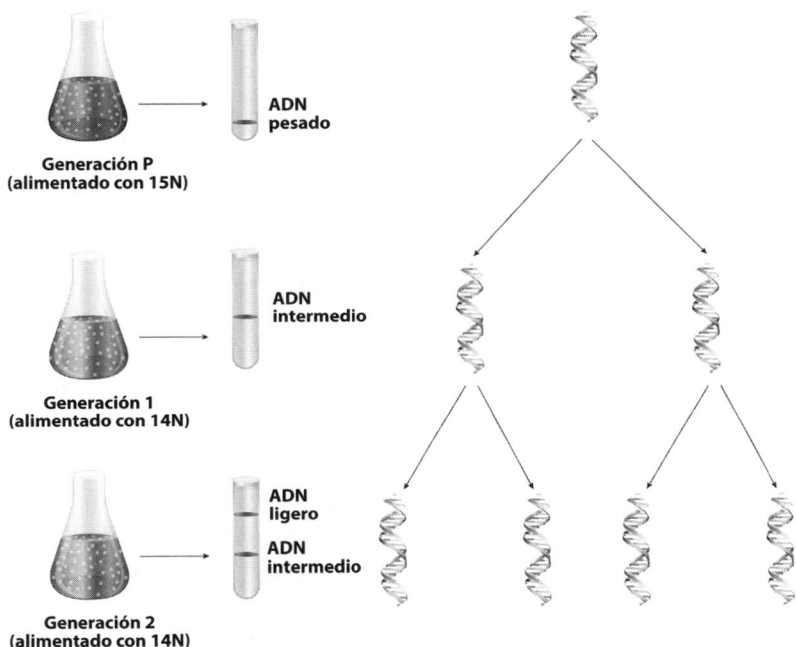

Figura 2. El experimento de Meselson y Stahl demostró cómo funcionaba la replicación del ADN.

MUTANTES: EL BUENO, EL MALO Y EL NEUTRAL

Perfecto, ahora que ya sabemos cómo se copia el ADN para que ocurra la reproducción celular y se produzcan las células hijas, te estarás preguntando, ¿cómo ocurre la mutación? Si usamos una hebra como molde, y cada letra solo se puede emparejar con su pareja (A-T y G-C), ¿cómo es posible cometer errores? ¿No hay sistemas de revisión? ¿Qué pasa si la pareja creada no es la ideal?

¡Echa el freno! Eso son demasiadas preguntas para responder en una sola frase, pero si tienes tantas dudas, es que tu curiosidad científica está germinando. Vemos que estás prestando atención y nos haces sentir orgullosos. Preguntarse las cosas siempre es una buena señal. Es parte del pensamiento crítico que mueve el descubrimiento de nuevos procesos del universo.

Pues efectivamente, se cometen errores. Esto es principal, pero no exclusivamente, debido a la alta velocidad de copiado que tienen las células (tú también trabajarías rápido si tuvieras que entregar tus deberes mañana y tu nota final dependiera de ellos). Pero sí, la mayoría de células también tienen un sistema de reparación de errores, tienen una tecla de revisión ortográfica celular. Si se produce un error, entonces la hebra molde y la nueva hebra no van a producir una hibridación perfecta, ya que solo hay esas dos posibles parejas. Y por tanto, el sistema de detección lo encontrará. Sin embargo, a la hora de reparar estos errores, hay un pequeño porcentaje de posibilidades de que elija la hebra que no era. La mayoría de las veces, el error va a ser reparado como debe y en la hebra adecuada. Pero hablamos de millones de nucleótidos. Es cuestión de tiempo que se produzca un error y al repararse, se elija la hebra contraria. Pero por muy bueno que sea un portero, al final le van a meter algún gol y si le tiran millones de tiros a puerta, alguno se le va a escapar.

En los humanos, se estima que la tasa de mutación es de aproximadamente 1 por cada 100 millones de pares de bases por generación. Y los humanos tenemos aproximadamente 3200 millones de pares de bases. Eso quiere decir que en una replicación celular se van a producir, de media, 32 errores. ¡Ya quisiéramos nosotros cometer esa tremendamente baja tasa de errores en el trabajo! Si fuera un portero de fútbol, este tendría plaza en alguno de los mejores equipos del mundo.

En organismos más sencillos y que se multiplican mucho más rápido, como las bacterias o los virus, estas tasas son mucho mayores. Dando así lugar a una evolución más fácil de identificar en periodos cortos de tiempo.

Además de errores en la replicación del ADN, las mutaciones pueden aparecer por la presencia de sustancias llamadas mutágenos, como pueden ser los elementos cancerígenos. Sabemos que exponerse al humo del tabaco aumenta la tasa de mutación en las células epiteliales de los pulmones. O que exponerse a radiación solar UV en exceso puede hacer lo mismo en tu piel. Pero es más raro que estos cambios acaben pasando a la descendencia, ya que no necesariamente ocurren en tus óvulos o espermatozoides y, además, suelen estar relacionados con la aparición de cánceres que evitan la reproducción.

En cambio, puede que una alta presencia de agentes mutágenos externos en organismos más sencillos sí pueda tener un papel relevante a la hora de pasar estos errores a la siguiente generación.

Las instrucciones que guarda el ADN son muy precisas, por lo que un error puede ser muy significativo. La mayoría de las veces se producen errores en zonas entre genes, o que no tienen tanta importancia, o incluso se producen mutaciones silenciosas que terminan dando a un «sinónimo». Es decir, la mayoría de esas 32 mutaciones que ocurren no significan nada. Son silenciosas (¡shhhh!). Por eso, en la mayoría de los casos no nos damos cuenta, pero cada uno de nosotros tenemos mutaciones específicas que no tienen ninguno de nuestros progenitores. Somos únicos. Y estas nuevas mutaciones serán pasadas a nuestra descendencia (a la vez que ellos mismos tienen algunos nuevos cambios). Siguiendo con la metáfora del portero de antes, si le meten un gol en un partido en el que su equipo va ganando 5 a 0, pues ese gol que le meterán no va a ser significativo.

Ahora bien, ¿qué pasaría si ese gol fuera en una final en la que fueran empate a cero? Ahí sí que tendría importancia. Algunas veces, esas mutaciones producen un cambio en el organismo. Puede ser cualquier cosa, una proteína que funciona un pelín más lento que la original, un dedo extra o incluso una característica completamente nueva e impredecible. Dependiendo del ambiente en el que se encuentre ese organismo, esta nueva característica puede ser buena, mala o neutral para él.

Igual que cada uno de nosotros, también serían únicos los X-Men. Los famosos mutantes de Marvel que tienen superpoderes que les ha ocasionado una mutación. La realidad es que para que cada uno tuviera un poder diferente, deberían tener mutaciones diferentes, y no todos el mismo gen, como ocurre en la serie de cómics en la que siempre la mutación ocurre en el denominado «Gen X».

Supongamos por el bien de la ciencia que efectivamente cada uno de los X-Men es producto de una mutación diferente. Los individuos nacen con esta nueva característica. Algunos tienen regeneración, otros rayos láser en los ojos y otros te traen la lluvia cual dios de las tormentas. Si los X-Men tuvieran que desenvolverse en un mundo similar al actual en el que no haya supervillanos y superhéroes y tuvieran que ganarse la vida como cualquiera de nosotros, habría poderes mejores y poderes peores.

Por tanto, las mutaciones, como los poderes, pueden ser buenos, malos o neutros dependiendo de lo que ocasionen en el organismo.

A nivel evolutivo, en nuestra opinión, un poder de regeneración como el de Lobezno sería el más ventajoso. Vivir más no suele implicar una ventaja si todos los miembros de una especie tienen esta característica. Pero en este caso, cuando un solo individuo puede vivir más que el resto, esto podría reflejarse claramente en un aumento de la probabilidad de tener descendencia y pasarla a siguientes generaciones. Por no contar su resistencia a enfermedades y heridas de todo tipo. Además, su poder evita que se envenene por el adamantium de su esqueleto, por lo que, su poder complementa perfectamente la ventaja metálica de sus huesos y de sus garras.

Pícara (conocida como Titania en Latinoamérica) tenía, además de superfuerza y la habilidad de volar, la capacidad de absorber los poderes, los recuerdos y la energía vital de cualquiera a quien tocase. Vamos, que te deja seco cual pasa. Imagina ser Pícara y querer tener una familia. Solo podría quedarse embarazada por inseminación artificial, y si sus bebés no tienen un poder o resistencia a ello, ni siquiera podría gestarlos. Ni siquiera puede interactuar como otros de su especie porque con una caricia ya tendría un disgusto. Y ya ni hablamos de darle un beso al pobre Gambito. Por lo tanto, muy probablemente el gen del poder de Pícara no podría ser transmitido a la descendencia. En el ámbito de la evolución, ese error se queda en esa generación y jamás se extenderá. Explicaremos esto más en detalle en el capítulo de nuestro querido Darwin.

Otro poder extremadamente malo evolutivamente hablando era el del personaje llamado Mr. Exceptional, que al parecer era simplemente explotar. Se llegó a determinar mediante estudios fisiológicos y obviamente solo podría hacerlo una vez en su vida con terribles consecuencias. En la naturaleza también existen comportamientos kamikazes. Estos comportamientos suelen darse en animales que lo hacen para proteger el grupo con el que comparten un gran porcentaje genético (como las hormigas) o para alargar su momento reproductor (como cuando las mantis religiosas macho eligen ser comidas a cambio de una buena noche de pasión). Pero el caso de Mr. Exceptional no parece ir en esa dirección, simplemente tuvo mala suerte en la lotería genética o en caer en manos del guionista equivocado.

En cambio, hay poderes que no producen ni una ventaja ni una desventaja como por ejemplo el mutante Eye-Scream, cuyo poder es convertirse en helado. Es un poder cutre, porque no es malo por sí mismo, al fin y al cabo, él controla cuando se transforma, incluso puede elegir el sabor. Pero la verdad, como poder para enfrentarse a un villano no sirve, ¿le vas a ofrecer a Magneto un cucurucho de chocolate con menta? Quizás cuando hace calor pues, oye, ni tan mal.

Puede ser el centro de las fiestas veraniegas, pero en invierno no es época de helados, así que de nuevo su poder vuelve a ser inútil.

Igual que los poderes, las mutaciones y los cambios que producen en los organismos van a tener unas consecuencias. Esas consecuencias serán una mezcla de muchos factores: a qué zonas del genoma afecten, qué cambio particular ha producido y el ambiente. Un mismo cambio puede ser bueno en un clima y no en otro.

Así que recuerda: sea la mutación que sea, si no se termina extendiendo en la población y manteniéndose en el tiempo, no podremos hablar de evolución, sino de mutación puntual. Pero una mutación puntual que no se expande no deja huella. Se extingue tan rápido como aparece y es como si nunca hubiera estado ahí.

Generalmente, los cambios que más favorecen a las especies serán los que terminen quedándose, hasta que dejen de ser beneficiosos.

TRAPICHEO DE GENES

Has leído bien, sí. Las bacterias pueden traficar con segmentos de ADN. Esto puede hacer que una bacteria normalita obtenga superpoderes y se convierta en una superbacteria.

El sistema tradicional de obtener material genético en cualquier organismo es mediante la reproducción. De madres a hijas, en el caso de las bacterias. Una bacteria duplica su genoma y se divide en dos células, dando lugar a las células hijas. Comete errores al copiar ese ADN y así van surgiendo nuevas variaciones genéticas. Esto es lo que se conoce como transmisión vertical de genes: de arriba (célula madre) abajo (célula hija). Nada nuevo. De tal palo, tal astilla.

Pero hay una manera de obtener genes en bacterias que no implica reproducirse. Hay bacterias que tienen unas moléculas de ADN (además de su cromosoma principal) llamadas plásmidos. Los plásmidos suelen tener material genético no esencial, ya que no es obligatorio tenerlos. Se puede vivir perfectamente sin plásmido. En la misma población algunas bacterias pueden tener plásmido y otras no. ¿Y qué tipo de genes hay en estos plásmidos? Pues una de las cosas que contienen son genes de resistencia a antibióticos. ¡Ahá!

¿Y cómo puedes obtener ese plásmido?, te estarás preguntando. Pues si no eres una bacteria te va a costar bastante, pero si lo eres estás de suerte porque existe la transferencia horizontal de genes. Ya no dependes solo de tu madre. Ahora tienes otra opción. Hay ciertas bacterias que por un módico precio (en realidad es gratis) pueden inyectar una copia de uno de estos plásmidos a otra bacteria para así hacerlas también resistentes a un antibiótico. Lo hacen mediante un proceso llamado conjugación, en el cual clavan a otra bacteria una especie de tentáculo por donde pasa una copia del plásmido.

Es todo muy sospechoso, pero es real, y es así como las bacterias pueden «heredar» genes de bacterias que no son su madre, sino de un colega que siempre anda metido en líos raros con genes resistentes.

2. MUCHO TIEMPO LIBRE Y UNOS GUISANTES: MENDEL

Hoy día, todos hemos oído hablar de la genética. Sus aplicaciones son vastas en diversos campos. En medicina, permite el diagnóstico de enfermedades hereditarias, facilita el desarrollo de terapias y personaliza tratamientos a través de la farmacogenómica. En biotecnología, se utiliza para producir medicamentos y crear organismos genéticamente modificados que mejoran la productividad agrícola. Además, en la agricultura y ganadería, la genética mejora cultivos y razas animales, y ayuda en la conservación de especies en peligro. Esa soja genéticamente modificada de la salsa del restaurante chino no se hace sola.

Asimismo, la genética juega un papel crucial en ecología y conservación, permitiendo estudios de biodiversidad y el control de especies invasoras. En antropología, ayuda a entender la evolución humana y las migraciones poblacionales. En el ámbito forense, se utiliza para la identificación de individuos en investigaciones criminales y pruebas de paternidad (aunque esto no le haga gracia a Julio Iglesias).

Sabiendo todo esto, damos por hecho que es un conocimiento fundamental en la actualidad. Pero ¿qué pasaría si no hubiera genética? Mejor dicho, ¿qué pasaría si no hubiéramos descubierto nada sobre esta? Pues sería algo terrible, dramático, el APOCALIPSIS.

Por suerte, un fraile agustino tenía un huerto.

TE VIENE BIEN UN REPASO DE GENÉTICA BÁSICA. Y LO SABES

Bueno, vamos a dar una clase de genética.

No cierres el libro aún, va a resultar más entretenido de lo que parece, sé paciente. Vamos a dar unos conceptos básicos de genética, de esta manera podrás entender las explicaciones posteriores. No te preocupes porque no hay que tomar apuntes ni entrará en el examen.

Si ya sabes cosas de genética, ¡enhorabuena!, pero no te saltes el capítulo porque nunca viene mal un repasito.

Vamos a empezar por lo más sencillo, un término que alguna vez todos habremos oído: cromosoma. Lo vimos muy por encima en el capítulo 1 pero ahora cobrará más importancia. Este término se refiere a la manera en que se encuentra el ADN comprimido dentro de las células, concretamente en su núcleo. Porque la naturaleza es como una madre, y al igual que las cosas de tu habitación, quiere que tu material genético no ande por ahí tirado sin ningún orden, así que es mejor tenerlo guardado y dobladito en forma de cromosoma.

Su forma es parecida a la de unas «X» cuando son observadas en un cariotipo o, por ejemplo, cuando tienen lugar los procesos de división celular. Y sí, los famosos cromosomas X e Y forman parte de ellos y son aquellos que definen el sexo. En el caso del ser humano disponemos de 46 cromosomas, de los cuales hay 2 que definen nuestro sexo, siendo XX en el caso femenino y XY en el caso masculino.

Otra cosa interesante de los cromosomas es que tenemos dos copias de cada uno. Cada una de estas copias procede de nuestros progenitores, vamos, que unos son de mamá y otros son de papá. Así que, utilizando como ejemplo al ser humano, tenemos 23 pares de cromosomas en condiciones normales. Pero no pienses que si tienes dos copias de cada significa que sean exactamente iguales. Ambos cromosomas son parecidos pero diferentes, lo cual ofrece una gran diversidad en cada individuo. Hay casos excepcionales en los que se pueden tener más o menos cromosomas, pero en ese caso estamos hablando de síndromes que se conocen como trisomías o monosomías. En condiciones normales el ser humano tiene 23 pares de cromosomas.

Este aspecto en forma de cromosomas es quizás el más popular, aunque también es un formato temporal, ya que cuando la célula no se está dividiendo, el ADN se encuentra en su estado normal. Este es un estado un poco más disperso denominado cromatina, y se parece a una madeja de hilo desordenado.

Para resumir, todo nuestro material genético se encuentra dentro del núcleo de nuestras células eucariotas. Este material está en forma de cromatina dispersa excepto cuando la célula va a dividirse: en ese momento se organiza en forma de cromosomas. Es como cuando doblas la ropa y la ordenas para meterla en la maleta de viaje. En el caso de los humanos, tenemos 46 en total, que se organizan en 23 pares de cromosomas homólogos.

Fácil, ¿verdad? Pues seguimos.

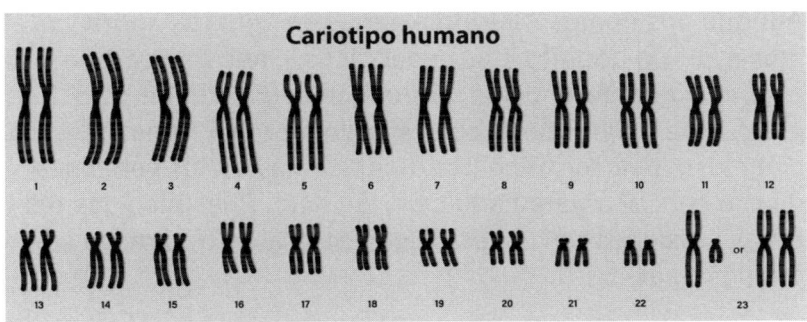

Figura 3. Ejemplo de cariotipo humano.

PERO EN QUÉ QUEDAMOS, ¿SON GENES O ALELOS?

Aquí vamos con otro término que por inercia todos hemos oído en algún momento: *el gen*. Porque todo está en nuestros genes. Fíjate si son importantes que hasta dan nombre a esta rama de la biología: la genética. Pero exactamente ¿a qué nos referimos cuando hablamos de un gen?

Podríamos decir que un gen es la mínima información para definir un rasgo y, además, es hereditario. Es una sección del ADN que codifica la información para algo en concreto, imagina un libro de recetas, el ADN sería el libro y una receta concreta, un gen. Cada uno de estos genes se encuentra en un lugar determinado en los cromosomas, a ese lugar que ocupa se le llama locus (cuando tengáis que nombrar algo ponedlo en latín, queda mucho más elegante). Y el conjunto de todos los genes de una especie se denomina genoma, es decir, hay un genoma humano, un genoma de perro, un genoma de geranio y un genoma de *Agaricus bisporus*…, ¿a que suena prepotente usar el nombre científico cuando podía haberme referido a un champiñón común? Cada especie tiene un número de genes diferente. Por ejemplo, los humanos tenemos unos 20 000, mientras que los hongos como nuestro querido y delicioso champiñón rondan los 6000.

Aunque nos hemos referido a genes en general, ahora vamos a ser un poquito más específicos. Cada gen codifica algo muy concreto, como, por ejemplo, el color de pelo. Ese gen puede hacer que acabes siendo moreno, rubio, castaño o, incluso, pelirrojo. Eso nos dice que hay varias versiones de ese gen, una para cada color de pelo. Pues bien, las distintas versiones de un mismo gen para el mismo rasgo se denomina alelo.

¿Y cómo hace un gen para codificar esa información?

Digamos que tiene las instrucciones para fabricar proteínas que son las responsables de que la célula funcione. Suena sencillo, pero las proteínas tienen muchísimas funciones diferentes: participan en el metabolismo, forman parte de estructuras, sirven como señalización a nivel celular y muchas otras cosas más. Volviendo a la metáfora de antes, supongamos que el ADN es un libro de recetas. Entonces, si quieres cocinar una receta (un gen) se hace una copia en un pósit, que es el ARN (este proceso se denomina transcripción). Luego se podría utilizar este ARN para fabricar la proteína (a esto se le llama la traducción). Estas proteínas codificadas en los genes también sirven para definir cómo somos y, lo más importante, cómo funcionamos. Y si un gen es una receta, cada alelo sería como diferentes versiones de la misma receta, porque no son iguales las lentejas de tu madre que las que haga otra persona.

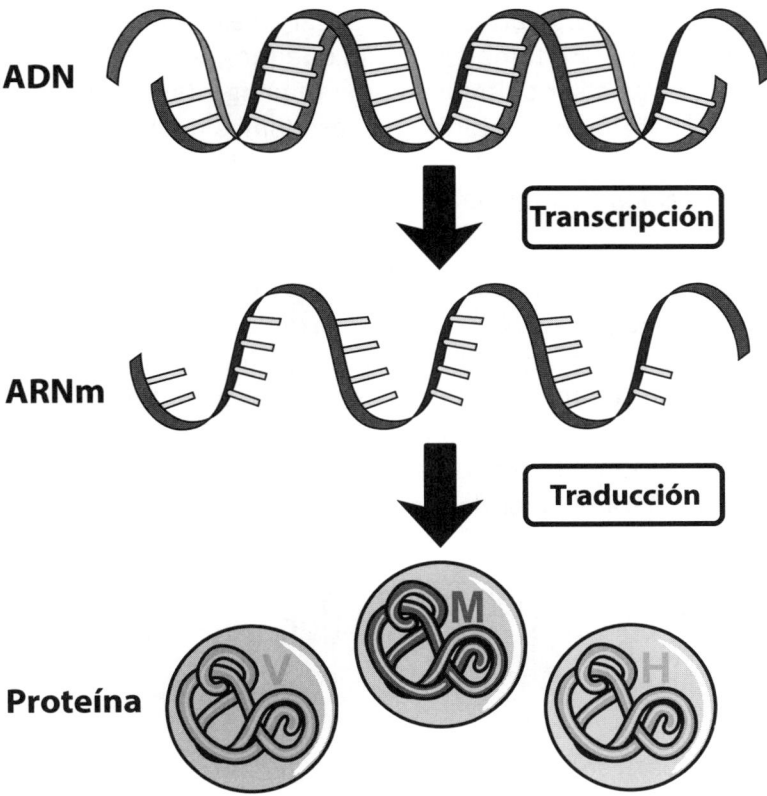

Figura 4. Dogma central de la biología molecular.

¿Y por qué no se utiliza directamente el ADN? Pues para así conservar el original. Es como si el libro de cocina de tu abuelita lo fueras prestando cada vez que te piden una de sus recetas, pues no sería una buena idea, podría perderse o dañarse. Mejor hacemos una copia de la receta que te pidan y se la damos a la persona para que haga el plato que nos ha pedido, conservando así el original en un lugar seguro. Y la biología, que es muy sabia, piensa igual. Prefiere conservar el original y trabajar con copias temporales de forma segura.

En resumen, somos un conjunto de muchísimos genes que forman parte del ADN de nuestros cromosomas y en esa variedad está la clave. Tu amiga Irene puede tener el alelo para unos ojos azules que son arrebatadores y tu amiga Ana tener el alelo para unos ojos marrones que reflejan su inteligencia. Pero también puede que tengas el alelo que dice que vas a ser daltónico como tu amigo Javi. Los genes son una lotería, una lotería que heredamos de nuestros progenitores. Si tienes malos genes, quizás debas tener una conversación con tus padres y pedirles el libro de reclamaciones.

¿Hasta aquí bien? Recuerda: estamos hechos de células, en cuyo núcleo hay ADN en forma de cromatina o cromosomas, este ADN codifica información en forma de genes y estos genes ocupan un lugar concreto o locus dentro de ese ADN, los genes pueden tener diferentes versiones para el mismo carácter, habiendo así diferentes alelos, como, por ejemplo, para el color del pelo.

¿QUIÉN ES ESE TIPO DE AHÍ QUE CULTIVA GUISANTES?

Y ahora para seguir aprendiendo de genética vamos a trasladarnos a un convento.

¿A un convento? ¿Cómo que a un convento?

Pues sí, quién diría que uno de los primeros «laboratorios» de genética estaría en un convento de frailes agustinos del siglo xix. Y es que el padre de la genética es un fraile llamado Gregor Johann Mendel.

Y dirás, vamos a ver, cómo que un fraile del siglo xix fue una figura tan relevante en un campo considerado actualmente de los más punteros de la ciencia moderna.

Pues es que la fe no tiene que estar siempre enfrentada a la ciencia, a veces cada una juega en su propia liga, así que vamos a conocer un poco más a este personaje para ver cómo alcanzó un estatus tan importante dentro de la historia de la ciencia.

Johann Mendel nació en 1822, y a los 21 años adquirió el nombre de Gregor cuando se convirtió en fraile. Y más tarde evolucionaría a sacerdote. Después ingresaría en la Universidad de Viena, donde pudo dedicar parte de sus estudios a la ciencia, y una de sus asignaturas predilectas fue la Botánica.

A lo largo de su vida tuvo un gran reconocimiento gracias a sus aportaciones y sus investigaciones en botánica, que tuvieron relevancia hasta el punto de ser miembro de la Real e Imperial Sociedad Morava y Silesia para la Mejora de la Agricultura, Ciencias Naturales. Aunque también tuvo interés en el estudio de las abejas, llegando incluso a ser presidente de la Sociedad de Apicultura de Brünn. Como puedes ver, Mendel no dedicaba su tiempo libre solo a rezar, también le gustaba plantearse todo tipo de preguntas.

Su obra más importante fue presentada en 1865 ante la Sociedad de Historia Natural de Brünn, esta tenía como título *Versuche über Pllazen… Pilifanzen… Plafinzen…*, espera que lo copio de Wikipedia: *Versuche über Plflanzenhybriden…* Mira, vamos a llamarlo *Experimentos sobre hibridación de plantas* y así nos enteramos todos. Lo interesante era que este estudio mostraba los resultados y conclusiones de los experimentos que realizó, pero, por casualidades de la historia, sus estudios no se hicieron tan populares y no llegó a tener un gran reconocimiento en vida, por lo que quedaron en el olvido hasta que *a posteriori* fueron revisados y se pudo ver el gran aporte de este fraile al campo de la genética.

Pero ¿qué clase de experimentos realizó para ser considerados tan avanzados y relevantes en nuestros días?

LAS LEYES DE MENDEL (CHAN, CHAN, CHAAAAAAN)

Pues como pone el título del capítulo, este señor cultivó guisantes… y ya está.

A ver, era el siglo xix y vivía en un convento, no esperéis un laboratorio tecnológicamente superavanzado porque no existía nada parecido.

Los descubrimientos son algo escurridizos. Ahora tenemos mucha tecnología, mucha experimentación de otros investigadores y hasta inteligencias artificiales que nos facilitan todo. Mendel no tenía tecnología, ni una documentación previa en la que basarse. Sus únicas herramientas eran su ingenio, su curiosidad y su fe, que a nivel científico no sirve de mucho, pero quizás sí como motivación.

En el caso de Mendel, utilizó lo que tenía a mano, que eran guisantes. Pero no lo hizo a lo loco, los escogió porque los caracteres que él quería estudiar eran cualitativamente muy diferentes, fáciles de distinguir a simple vista y sin posibilidades de ambigüedad. Para ello, seleccionó el color de los guisantes, que podía ser verde o amarillo.

Mendel eligió una pareja de plantas de guisantes, una era amarilla y otra era verde. Nuestro fraile las presentó, les hizo que tuvieran una cita romántica y luego las cruzó para obtener descendencia. A esta generación la llamó la Generación Parental (P). Tras cultivar dicha descendencia observó que curiosamente salían plantas solo de color amarillo. Entonces llegó a la conclusión que el carácter dominante era el amarillo, porque era el que predominaba, y el verde era el recesivo porque no habían salido muchas con ese color. A esta generación de descendientes los llamó Primera Generación Filial (F1).

Eso de dominante y recesivo luego te quedará mucho más claro. Por ahora quédate con esta idea: el dominante manda y el recesivo calla.

Mendel decidió hacer unas cuantas repeticiones para comprobar si obtenía resultados similares, (recordad que en experimentación esto de repetir y obtener resultados similares es clave para asegurarse de que los primeros resultados no son fruto de la casualidad). Al confirmarse los resultados decidió ir a por una nueva descendencia, la Segunda Generación Filial (F2), eran los nietos de la Generación Parental.

HERENCIA MENDELIANA

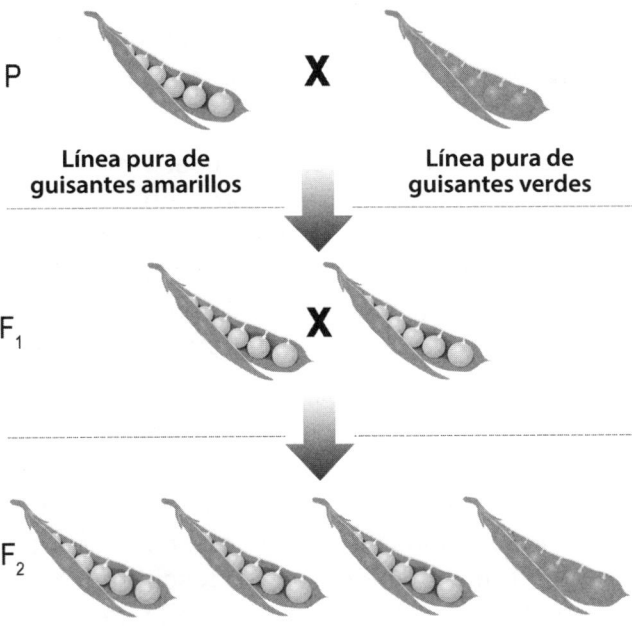

Figura 5. Generaciones de guisantes de Mendel.

Así que seleccionó plantas de la F1 y empezó a cruzarlas, estas estaban conformadas por plantas amarillas y verdes, y como resultado obtuvo plantas que, ¡oh, sorpresa!, eran de nuevo amarillas y verdes… pero con un giro de guion, la proporción era muy ajustada, obteniendo siempre una proporción de 3 amarillas y 1 verde, lo cual llamó su atención.

Tras esto decidió probar con otros rasgos de los guisantes para asegurarse de que no era algo asociado solo al color, así que eligió guisantes que tuvieran o bien la piel lisa, o bien rugosa. Hizo los mismos cruces y obtuvo resultados similares, siendo el carácter liso el dominante y el rugoso el recesivo.

Así que se vino arriba y dijo «¿Y si hago un experimento cruzando plantas amarillas y lisas con otras verdes y rugosas?». Supongo que a estas alturas los otros frailes estarían ya un poco hartos de incluir guisantes en el menú, porque, oye, unos guisantes con jamón, una pizca de ajo y una nuez de mantequilla están buenos, aunque todos los días puede ser un poquito repetitivo. Pero toda esta redundancia tenía como objetivo el avance de la ciencia, por lo que era un sacrificio que había que realizar.

De esta manera, Mendel empezó a cruzar varias generaciones de guisantes con todos esos rasgos, obteniendo un poco de todo dentro de la descendencia: plantas amarillas y lisas, amarillas y rugosas, verdes y lisas, y verdes y rugosas. Pero de nuevo algo era llamativo, pues esta vez la proporción en la F2 era de 9:3:3:1 respectivamente y eso de nuevo le llamó la atención.

Tras todo esto, llegó a unas conclusiones que decidió resumir en las conocidas como leyes de Mendel. Se llaman así en honor a él, no es que fuera tan prepotente. Los científicos no tienen problemas de autoestima, no necesitan estampar su nombre en cada cosa que descubren. Y no te asustes, son solo tres, que no es un tratado de Derecho Penal, además son muy fáciles de entender.

Pero antes una pequeña aclaración.

¿Te acuerdas de que antes dijimos que para unos rasgos existen versiones de un mismo gen? Pues bien, para entender mejor las leyes de Mendel vamos a denominar ese rasgo, en este caso el color del guisante, con una letra para cada alelo: la «A» para el color amarillo (en mayúscula porque es dominante) y la «a» para el verde (en minúscula porque es recesivo).

Y vamos a diferenciar dos términos que nos serán útiles más adelante:

— Genotipo: define el par de alelos que se tienen para un determinado rasgo, en este caso las opciones son AA, Aa y aa.

— Fenotipo: define el rasgo que manifiestan tus genes visualmente, en este caso las opciones son color amarillo y color verde.

¡Ojo aquí!, porque, por ejemplo, Aa tiene un genotipo que indica guisantes amarillos (A) y verdes (a), pero su fenotipo será solamente de guisantes amarillos, es decir, visualmente TODOS los guisantes que sean así los veremos amarillos.

Entonces vamos a ver, ahora sí, las leyes de Mendel:

1.ª LEY O PRINCIPIO DE LA UNIFORMIDAD

Si tienes dos individuos de raza pura, es decir, homocigóticos, o sea, que sus 2 alelos son iguales: guisantes amarillos (AA) y guisantes verdes (aa). Al cruzarlos siempre se obtiene una descendencia (F1) que es siempre igual, es decir, heterocigótica, o sea, con los dos alelos diferentes: guisantes amarillos (Aa).

¿Y por qué solo amarillos si también tienen un alelo para el color verde? Muy buena pregunta, querido lector o lectora. Pues porque al ser el amarillo el dominante es el que se expresa y el otro no. Imagínate que tienes una persona que habla a gritos (dominante) y una que habla en sus susurros (recesiva). Si los pusieras a hablar a la vez solo oirías a la que pega gritos, así que la única manera de dejar que se exprese la que habla con susurros es dejarla que hable sin la presencia dominante.

Así que si tenemos un híbrido con genes dominantes y recesivos, se expresa el dominante.

Y ya que hablamos de dominancia, no se debe pensar que la dominancia es mejor, puesto que en ocasiones puede ser beneficioso o perjudicial. Una enfermedad puede estar asociada tanto a alelos dominantes como a recesivos. Lo importante no es si es dominante o no, sino la información que contiene, puesto que lo único que nos enseña esto es si un fenotipo va a estar más presente o no en una población.

2.ª LEY O PRINCIPIO DE LA SEGREGACIÓN DE LOS CARACTERES INDEPENDIENTES

Esta ley va sobre la formación de gametos, es decir, cuando tú cruzas dos plantas pues..., ya sabéis..., lo de las abejitas y el polen, lo importante es que siempre este par de alelos se separan para dar los gametos (sí, como los óvulos y los espermatozoides), así que si estas plantas dan gametos ocurriría lo siguiente:

— Una planta AA tendría todos sus gametos iguales y serían A.

— Una planta aa tendría todos sus gametos iguales y serían a.

— Una planta Aa tendría la mitad de sus gametos A y la otra mitad a.

3.ª LEY O PRINCIPIO DE LA TRANSMISIÓN INDEPENDIENTE DE LOS ALELOS

Aquí Mendel extrae una conclusión basándose sus experimentos con el color (amarillo y verde) y la piel (lisa o rugosa) de los guisantes que habíamos mencionado, pues descubrió que ambos caracteres se transmitían con independencia, es decir, puedes tener guisantes amarillos lisos y rugosos, o verdes lisos y rugosos.

En este caso, los caracteres pueden expresarse sin interferir entre ellos. Esto con guisantes funciona de maravilla. Pero no siempre es así, más adelante veremos que unos genes pueden condicionar a otros, como por ejemplo si hay genes de color de pelo y genes para determinar si vas a ser calvo o no, si eres calvo tus genes para el tono de cabello no se expresarían. Pero, claro, Mendel solo experimentó con guisantes, no con calvos.

LA MAGIA ESTÁ EN LOS GENES

Para poner un ejemplo mejor usaremos una referencia de Harry Potter. En esta saga de libros/películas existen los magos, pero curiosamente no todo el mundo puede ser mago, y no es cuestión de tener habilidad. Aquí si no naces con aptitudes mágicas, ya puedes tener la mejor varita del mundo que no vas a lanzar ni medio hechizo.

Pero la cosa se complica con la aparición de los *squibs* y los «sangre sucia». Un squib es un hijo de magos que nace sin habilidades mágicas, lo cual es una deshonra. Por otro lado, los sangre sucia son hijos de *muggles* (gente no mágica) que nacen con potencial mágico, lo cual también puede ser una deshonra porque te ha salido un hijo rarito que hace levitar cosas y, además, en el mundo mágico se los llama sangre sucia como insulto. El mundo mágico tiene muchos prejuicios...

Pero nosotros vamos a enfocarnos en la genética y para ello vamos a elegir a dos personajes: el conserje del colegio de Hogwarts llamado Argus Filch (un squib) y a nuestra querida Hermione Granger (una maga hija de gente no mágica).

Vale, supongamos que tener magia corriendo por tus venas es un factor genético, por lo que habrá un gen mágico, pero la mayor parte de la población no es mágica, por lo tanto, el gen «muggle» o no mágico (M) será dominante sobre el gen mágico (m).

Así pues, ¿cómo serían los padres de Filch y por qué es un squib? Según lo que se cuenta de este personaje, uno de sus progenitores era mago, supongamos que era su padre y que este se casó con una mujer no mágica, ¿qué ocurrió aquí?

Pues podemos imaginarlo:

Los progenitores de Filch podrían haber sido así: madre muggle (MM) y padre mago (mm), como resultado, Filch hubiera tenido un genotipo Mm, es decir, muggle y mágico, pero como el muggle es el dominante, nuestro querido conserje de Hogwarts nació sin una pizca de magia.

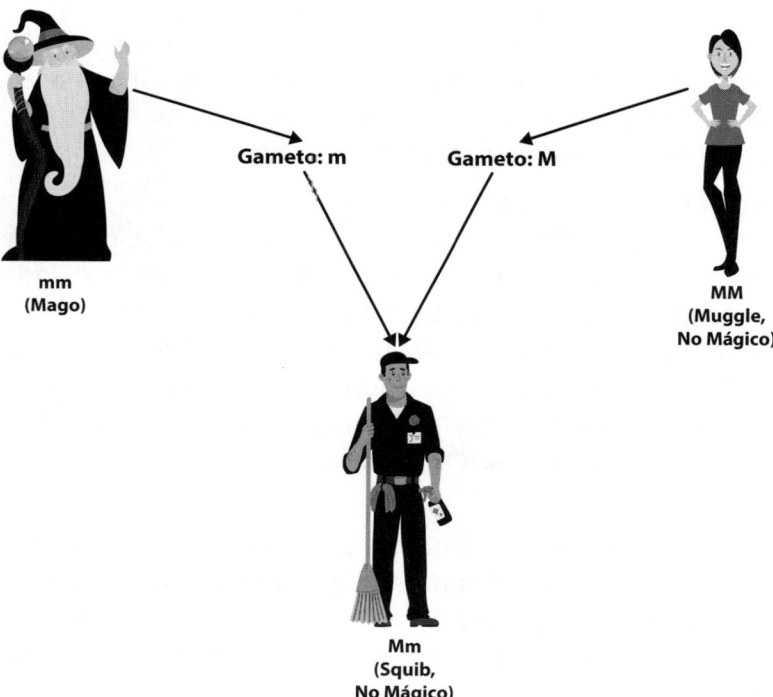

Figura 6. Herencia mendeliana con Argus Filch de padres homocigóticos.

Este sería el ejemplo para generación P y F1 que habíamos visto con Mendel.

Pero ¿y si Filch perteneciera a la segunda generación (F2)? Pues volvamos a ver cómo serían sus padres, su padre volvería a ser (mm) pero su madre sería muggle heterocigótica (Mm).

Entonces le ocurriría que la posible descendencia tendría un 50 % de posibilidades de tener poderes mágicos y el otro 50 % de ser muggle, parece ser que Filch no tuvo suerte y le tocó ser de nuevo Mm.

En el caso de Hermione, se sabe que sus padres son dentistas, son simples muggles cuyo único poder es hacerte una endodoncia sin dolor, pero su hija es un prodigio. ¿Qué ha ocurrido aquí?

En primer lugar, que Hermione estudia y compensa el talento con conocimiento.

Y en segundo lugar, a nivel genético es sencillo. Ambos padres son muggles y heterocigotos (Mm), como ocurría con la primera generación de Mendel. Esto nos indica que en algún momento las familias de los padres de Hermione tuvieron antepasados magos. La cosa es que aunque sus posibilidades fueran de 3 contra 1, la señorita Granger tuvo suerte y resultó ser su genotipo mm, es decir, futura alumna de la escuela de magia y hechicería de Hogwarts.

Hermione es un guisante verde, como diría Mendel, y debe elegir sabiamente con quién tendrá descendencia, porque si no, puede ocurrir como en el caso de Filch.

Pero si Filch se emparejara (o emparejase) con una maga con genotipo mm, podría haber un 50 % de posibilidades de obtener un hijo o hija con magia. Esto explicaría por qué en ocasiones ciertos rasgos o enfermedades hereditarias se pueden saltar una generación.

Y si has sido avispado te habrás dado cuenta de que la mejor manera de asegurarse un linaje mágico es la «endogamia» mágica teniendo hijos solo con magos y manteniendo una línea de genotipos siempre recesiva. De ahí viene lo de la sangre limpia y sangre sucia, pues juntarse con humanos no magos solo enturbia esa mezcla genética libre de inferiores alelos muggles. Aunque la endogamia trae muchos otros problemas que no creo que puedan compensarse con magia, quizás por eso a Carlos II de España le llamaban el Hechizado…

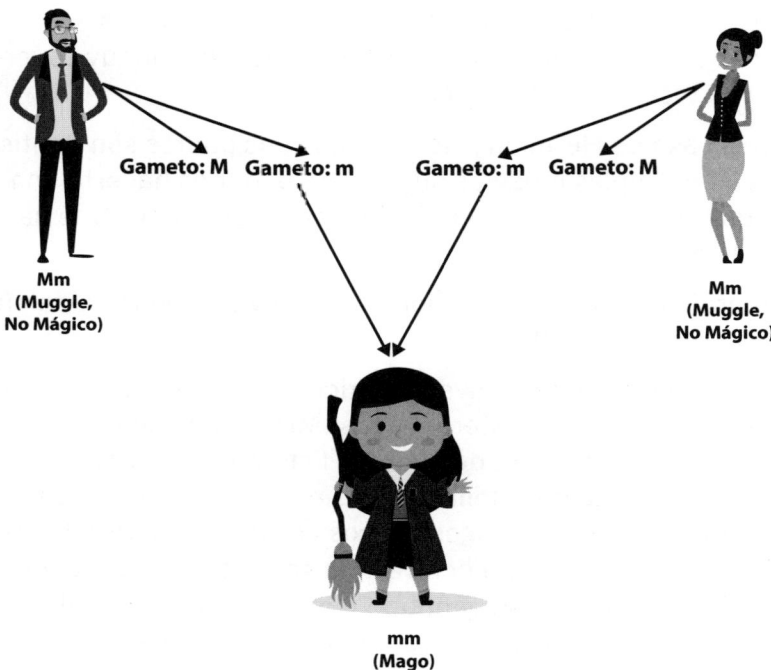

Figura 7. Herencia mendeliana con Hermione Granger.

MENDEL SE EQUIVOCABA

Bueno, pues llegado a este punto te puedes olvidar de todo lo aprendido porque Mendel se equivocó bastante. Mejor dicho, más que equivocarse, su problema era que no lo sabía todo. Es lo que tiene ser un pionero en un campo tan complejo como este.

A ver, ¡vamos a calmarnos! No hemos estado alabando a este señor durante páginas para luego decir que no tenía ni puñetera idea. Para empezar, recuerda que tenía recursos limitados, excepto guisantes, de eso tenía para aburrir. Pero no disponía de secuenciadores genómicos de alta gama, ni un pelotón de científicos a sus órdenes para que repitieran experimentos o probaran con otras plantas o animales. Tampoco había unos conocimientos previos de genética documentados lo bastante extensos como para que pudiera apoyar sus investigaciones en ejemplos previos.

Mendel hizo un trabajo excepcional, el problema es que sus conocimientos estaban incompletos y solo eran aplicables en lo que se ha llamado la herencia mendeliana, es decir, en los casos en los que sus leyes se ajustan a la realidad. Pero en muchas ocasiones nos vamos a topar con una cosa llamada herencia no mendeliana, es decir, que si aplicamos las leyes de Mendel no se obtendrían los resultados esperados. Es debido a que la realidad es más compleja ya sea porque existen factores externos o porque hay genes que se relacionan entre ellos.

Vamos a recurrir a un ejemplo sencillo pero interesante. Imaginad que tenéis unas flores de color rojo, en un campo sembrado en el que solo cruzas esas flores rojas unas con otras. Y por otro lado tenéis un pequeño parterre (¿y qué es un parterre?, buscadlo en el diccionario), lo importante es que en este hay flores blancas.

El color rojo de estas flores es dominante, es decir, sería R. Mientras que el color blanco es dominante también y se indicará como W. Con lo que ya sabéis de Mendel sabréis que las opciones del genotipo y fenotipo serían las siguientes:

— RR: rojo.

— WW: blanco

— ¿Pero qué ocurrirá con RW? ¿Será rojo o blanco el resultado?

Pues mirad atentamente lo que ocurre aquí.

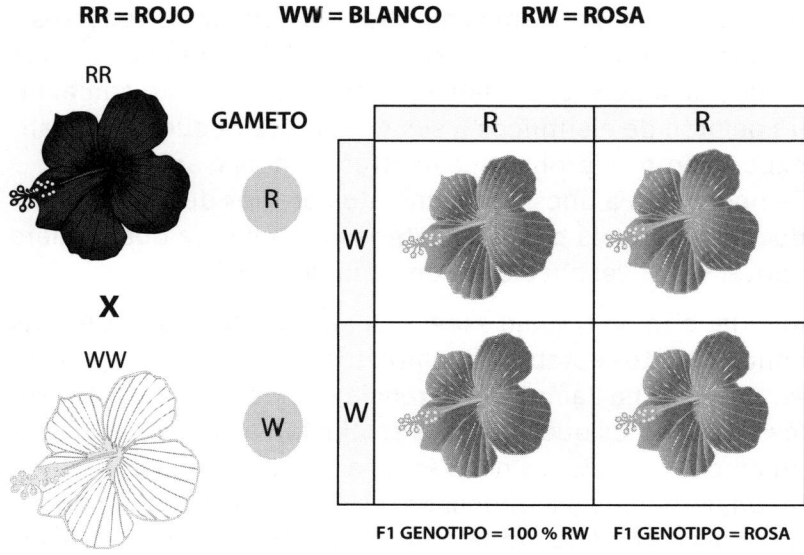

RR = ROJO **WW = BLANCO** **RW = ROSA**

F1 GENOTIPO = 100 % RW   F1 GENOTIPO = ROSA

Figura 8. Ejemplo de dominancia incompleta.

En este caso hay dominancia incompleta, que indica que ambos alelos se expresan y su resultado es una mezcla entre ambos, pero ninguno llega a imponerse. Por tanto obtendremos flores rosas.

Otro ejemplo sería la codominancia del grupo sanguíneo. Existen tres alelos para el grupo sanguíneo: antígenos de superficie A (dominante), antígenos de superficie B (dominante) y sin antígenos 0 (recesivo).

Cuando tienes AA, BB o 00 es fácil saber lo que te encontrarás.

Cuando eres A0 o B0, se expresarán A y B porque el 0 es recesivo.

Pero cuando tienes AB, al ser codominante tu grupo sanguíneo será AB.

Grupo sanguíneo AB0

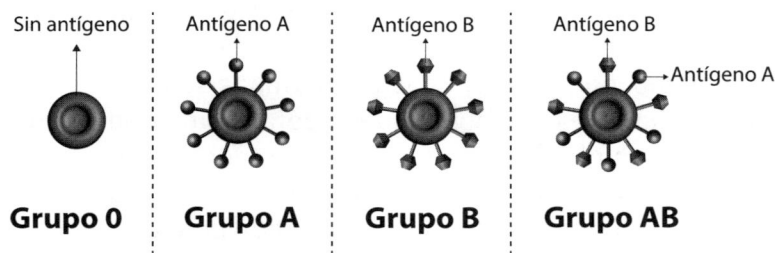

Figura 9. Codominancia.

También Mendel pensó que los alelos están en todos los cromosomas por igual, pero como mencionamos antes, existen unos cromosomas asociados al sexo y esto puede tener un peso significativo, como en el caso del daltonismo o la hemofilia. Ambos solamente se expresan en el cromosoma X, entonces una mujer puede tener un cromosoma con el alelo, pero si no tiene ambos cromosomas afectados simplemente será portadora de la enfermedad. Sin embargo, en el caso de los hombres, al ser sus cromosomas XY, si tienen el X afectado sí o sí van a sufrir el trastorno y, por supuesto, siempre serán portadores.

Vamos a complicar más aún la cosa. ¿Os acordáis de las flores rojas y blancas de antes? ¿Y si tuvieran un gen que fuera tener pétalos y otro que fuera no tener pétalos? Si tenemos un individuo con el fenotipo sin pétalos, entonces no podremos ver si el que se expresa es el rojo o el blanco, por lo que la independencia entre genes de la que hablaba Mendel no sucede. O por ejemplo imagina un gen que dice que te vuelves calvo, si te quedas calvo, no importa lo que digan tus genes en referencia al color o tipo de pelo, porque independientemente de si lo tienes rizado, liso, rubio o pelirrojo, fenotípicamente solo va a percibirse como que se te ve el cartón. Esta manera en que unos genes condicionan a otro se llama epistasia, los genes están ahí pero no se manifiestan.

Ya para terminar de poner ejemplos vamos a hablar de los rasgos poligénicos. En ocasiones (la mayoría de veces, en realidad) para que un rasgo se desarrolle es necesaria la intervención de diferentes genes para definir un carácter. Por ejemplo, con el color de la piel humana se da esta situación, pues no hay un gen que lo defina, sino que es una amalgama de rasgos que crean un resultado único, y hay una gran variabilidad. Por ello, dentro de una población de personas de una misma región geográfica podemos encontrar distintas tonalidades aunque entre ellas haya un elevado parecido. Esto es porque este rasgo es un rasgo de tipo cuantitativo, por lo tanto, no hay un estado definido concreto, sino una escala según los genes participantes y su expresión.

Y podríamos hablar mucho más de genética y de ADN, pero hay que dejar espacio para el resto del libro y no queremos tampoco saturarte.

Lo importante es que te hayas quedado con las dos cosas clave de este capítulo.

- Mendel fue un pionero en su campo y un precursor de la dieta del guisante.

- Y la genética es un enredo ultramoderno, pero que entraña todos los elementos de por qué somos como somos. Además de ser muy útil, incluso para evolucionar.

EL ANIMAL CON EL GENOMA MÁS GRANDE

En 2021 se rompió un récord. Biaggi, a 456 km/h, bate 21 récords de velocidad en MotoGP. Es algo increíble, pero no estamos aquí para hablar de ingeniería de motos. Lo que traemos es aún más interesante. Queremos hablarte del animal con el genoma más grande del mundo. Hablamos del pez pulmonado australiano (*Neoceratodus forsteri*). Cuyo genoma se secuenció ese año 2024.

Rompiendo el anterior récord con un 30 % más de material genético (antes el premio lo tenía el precioso ajolote mexicano), el pez pulmonado ha subido al podio con una friolera de 43 000 millones de pares de bases. Nada más y nada menos que unas 14 veces el tamaño del genoma humano.

¿Y para qué quiere un pez un genoma tan inmenso? Pues es que es un pez muy especial, es un bigardo de entre 1 y 2 metros de longitud que tiene un solo pulmón en la zona dorsal que puede utilizar para respirar debajo del agua y también en el aire, es decir, puede sobrevivir en zonas donde bajan los niveles de agua por la sequía estacional. Es más, encontramos en su genoma menos receptores olfativos para el agua que un pez normal, pero una gran cantidad de receptores para detectar olores en el aire, por lo que parece que incluso se orienta mejor en el aire si hablamos del olfato. Además, tiene un esqueleto más fuerte que el de un pez típico, para no sucumbir ante el peso de la gravedad en caso de estar fuera del agua. Tiene también unas aletas

posteriores con bastante fuerza que recuerdan a unas patitas traseras de un anfibio o reptil y que utiliza para desplazarse por el fango, empujando así el peso de su cuerpo dejando una huella en forma de S, a lo reptil.

Pero evolutivamente, el pez pulmonado es un animal con
una importancia tremenda. Gracias a la secuenciación de
su genoma se ha podido corroborar su relación con los vertebrados tetrápodos terrestres (anfibios, reptiles, aves, mamíferos…). Este animal es familiar muy directo del pez que
«salió» del agua para colonizar la tierra y dar lugar a todos
los vertebrados que hoy poblamos los continentes, inclui-
dos nosotros, los primates humanos. Se sabe además que
es una especie que ha cambiado muy poco en millones de
años ya que debe estar muy bien adaptado.

Queremos dedicar un gran aplauso para este tipo de peces
pulmonados. Son increíbles híbridos agua-tierra que un día,
hace cientos de millones de años, estaban en el momento
adecuado, en el lugar preciso. Y gracias a ello tú tienes que
ir a trabajar el lunes.

3. ESTIRA, ESTIRA, ESTIRA Y EVOLUCIONA: LAMARCK

Ahora vamos a hablar de un señor que descubrió que los animales cambian, que se adaptan y evolucionan. Un genio adelantado a su época.

No te ilusiones. No vamos a hablar de Darwin, aún. Eso será en la próxima parada. Ahora le toca al que se ha considerado durante muchos años la némesis de la teoría de la evolución darwinista. Toca hablar de Lamarck, ¿el malo de la película?

EL SEÑOR DE LAS JIRAFAS

Jean-Baptiste Lamarck era naturalista y FRANCÉS. Claro, ahora cuadra lo de que fuera el malo, ¿no? Te lo imaginas con un acento prepotente, al que le cuesta pronunciar la erre y que ríe de forma malvada mientras se retuerce uno de sus largos y prominentes bigotes.

Pues sentimos decepcionarte, pero este señor no tenía bigote. Bueno y tampoco era tan malvado. Lo de francés si es cierto, pero, ¡eh!, nadie es perfecto.

La cuestión es que se le ha tenido en consideración como el tipo que se equivocó al hablar de evolución, el tonto, el malo que se oponía a la selección natural de Darwin. Aunque para nosotros siempre será el señor de las jirafas.

Pero empecemos por el principio. Jean-Baptiste-Pierre-Antoine de Monet de Lamarck... Vale, el tío tenía nombre relamido de pijo, pero aquí para ahorrar palabras le llamaremos Lamarck. Pues bien, Lamarck nació allá por 1744 y se metió a militar, luego a contable y, por fin, le dio por las ciencias.

De esta manera estudiaría Medicina y Botánica, seguro que se le daban bien los «trasplantes».

Al margen de chistes, la medicina no le terminó de entusiasmar y se centró en la botánica. De esta manera publicó su primera obra, un método de identificación de plantas titulado *Flore française*. Aunque parecía un simple manual para identificar plantas francesas, este manual incluyó un método superútil para identificar especies, el método dicotómico. Es muy cómodo, pues te va haciendo elegir entre A o B y así sucesivamente con los diferentes rasgos de la muestra hasta llegar a la especie que estás identificando. Un poco al estilo de los libros esos de «elige tu propia historia» pero en versión botánica. Este método se sigue utilizando hoy día, incluso nosotros lo hemos utilizado cuando estábamos en la universidad. Así que minipunto para Lamarck.

¿Y qué más hizo? Pues además introdujo el término «invertebrados» tras ser nombrado catedrático de Ciencias Naturales. ¡Ah! También hizo oficial el Museo de Historia Natural de París. Y además le sobró tiempo para desarrollar una teoría evolutiva. Un *crack* de su tiempo.

Pero ¿por qué le tienen como el tipo que se equivocaba?

Lamarck escribió una obra titulada *Filosofía zoológica*, una obra en la que se dedicaba a argumentar cómo los organismos vivos se van volviendo cada vez más complejos. Esto puede sonar a obviedad, solo hay que salir a la naturaleza para ver las estructuras y mecanismo de funcionamiento de animales, plantas y demás seres en biomas tan variados como la selva tropical, el desierto o la taiga.*

La naturaleza es compleja y aquello que la habita también lo es, eso no es nada sorprendente. Lo innovador era decir que cambiaban hacia versiones más complejas, porque eso chocaba frontalmente con la concepción del mundo que se tenía. La gente de entonces pensaba que las cosas son

_____

* ¿Sabías que la palabra «taiga» viene del ruso con raíces turcas y significa «zona boscosa inhabitada»?

como son y punto pelota, todo lo que ves siempre ha sido así y lo que se ha extinguido es por no haber sido capaz de sobrevivir. Con este problema también se toparía con el Darwin en el futuro.

Una gran parte de esta obra describe conceptos clave en la organización de la naturaleza, porque Lamarck era de esa gente a la que le gusta tener las cosas ordenadas, y si no las puedes ordenar, al menos clasificarlo para luego poder ponerlo en su sitio. Él clasificaba las cosas entre orgánicas e inorgánicas y luego seleccionaba todo lo que pertenecía a la parte de orgánicas —es decir, los seres vivos— y lo iba organizando siguiendo un sistema que se basaba en la complejidad de las estructuras que lo componían. Con esto llegó a la clasificación de invertebrados (inferiores y supe-riores) y vertebrados.

Durante esta labor, Lamarck tuvo que dedicarse a una am-plia observación de muchos caracteres, lo cual le dio una visión muy completa y amplia que le llevó a la conclusión antes mencionada: la naturaleza se vuelve más compleja. Vio que las estructuras simples iban teniendo unas versio-nes mucho más avanzadas o funcionales. Un poco como los teléfonos móviles, al principio solo servían para llamar (como los indestructibles Nokia) y ahora tienes un iPhone que lla-ma, hace fotos, graba vídeo y ya si miramos las apps que le puedes poner es capaz de casi todo. Y eso le hizo pensar que quizás no todas las criaturas habían sido así desde siempre, sino que en algún momento las cosas se volvieron a su vez complejas.

Vamos a poner un ejemplo con películas, imagínate que tu amigo Christian te presta dos películas diferentes, con títu-los diferentes, que tiene en VHS, DVD, BluRay o el formato funcional que exista cuando leas esto:

- En la primera te presentan un mundo de fantasía medie-val, unos hobbits y un anillo, y aparecen unos personajes que les dicen que los van a acompañar en un viaje para destruirlo, hay un elfo y un enano que se llevan regular,

Viggo Mortensen y un mago que es gris del que hay muchos memes en internet. Sean Bean también sale, pero no te encariñes con él.

- Ahora ves la segunda película, que ocurre en un mundo de fantasía medieval, que también tiene unos hobbits, pero ahora se han separado, dos son caballeros y dos están a punto de llegar a donde se destruye el anillo (sí, ese mismo anillo), el elfo y el enano ahora son colegas, Viggo Mortensen aparece más guapo todavía y es rey, y el mago ahora es blanco.

Al verlas, te das cuenta de que hasta salen los mismos actores. Y seguramente pensarás: entre estas películas hay una relación. Seguro.

Una es como una secuela de la otra, pero parecen inconexas, como que una procede de la otra, pero falta algo. Y le preguntas a tu amigo Christian de nuevo, que le gusta mucho Tolkien, y te dice que hay otra película más en medio que perdió. Así que tras «excavar» entre el caos cinematográfico que tiene, das con ella.

- Esta película, también con nombre diferente, presenta todo el mundo y personajes de las dos películas anteriores, pero es una versión intermedia, conecta las tramas, entiendes cómo han cambiado los protagonistas y hay una guerra contra unos orcos que es buenérrima.

Tras visionar las tres películas llegas a dos conclusiones importantes. La primera es que estas películas son tan buenas que nunca necesitarán un *remake*. Y la segunda, y más importante, te das cuenta de que no has visto tres largometrajes sin conexión, sino que has visto una trilogía cuya trama ha «evolucionado» desde la primera hasta la tercera.*

---

* Por cierto, por si alguien no lo ha pillado, hablamos del *Señor de los anillos*, que es una trilogía de películas muy muy muy recomendable. Es más, deja de leer este libro y vete a verlas que nosotros vamos a seguir aquí esperándote.

Bueno, si volviste ya de ver las películas, seguimos. La cosa es que a Lamarck le pasó algo parecido, él vio una especie A que era simple y se topó con una especie C que era más compleja, y le faltaba algo por medio. La respuesta la encontró gracias a las excavaciones de fósiles y a datos de especies extintas que le mostraban una especie B que conectaba la secuencia A-B-C y de ahí llegó a la conclusión de que había una progresión, una evolución.

Pero Lamarck tenía que demostrar esto que decía y aún le quedaba por explicar el funcionamiento de la evolución. Así que para eso puso como ejemplo una jirafa, y no fue porque tuviera una como mascota llamada Steven, o se le apareciera en sueños como su espíritu animal, fue por una razón muy inteligente, aunque luego le saldría el tiro por la culata. Verás, eligió a este animal porque la gran pregunta era: ¿cómo sucede eso de evolucionar? Y gracias a este animal la respuesta era fácil, a base de usarlo.

Pongamos como ejemplo una especie de jirafas chiquitas, cuellicortas y canijas, como otros animales parecidos. Y pasa que las hojas de los árboles que comen están en ramas muy altas, eso es un problema. Así que tienen que hacer algo o morirán de hambre. Por lo tanto, deciden ponerse a estirar los cuellos y al cabo del tiempo tenemos unas jirafas altas. Es el ejemplo más puro de «Si quieres, puedes», como esas tazas que rezuman positivismo cuqui tan repelente de Mr. Chachiful. De esta manera, usando el poder de la fuerza de voluntad cual protagonista de anime, obtendríamos una nueva especie (o versión) capaz de alcanzar las hojas altas, siendo este nuevo carácter adquirido transmisible a la descendencia.

A esta teoría de la evolución la llamarían lamarckismo, la cual sería sustituida posteriormente por el darwinismo de nuestro amigo Charles. Esta teoría (el lamarckismo) se fundamentaba en dos conceptos sencillos.

TEORÍA DE LAMARK

Figura 10. Poco a poco el cuello de las jirafas crece a base de usarlo.

- El entorno genera presiones. Esto causa que haya necesidades. Estas necesidades impulsan a crear nuevos comportamientos que dan lugar a cambios debido al uso de ciertas estructuras. A más uso o desuso de un órgano, este se modifica ya sea porque se desarrolla más o se atrofia porque no se utiliza.

- Todo lo que se adquiere a través de estos cambios se conserva en las generaciones posteriores y pasa a la descendencia.

La idea tenía potencial, podría encajar. La presión del entorno impulsa a las especies a adaptarse y a base de ponerse a entrenar conseguirían evolucionar. Pero el gran palo en la rueda de Lamarck era la propia mecánica evolutiva que él presentaba.

¿POR QUÉ NO TIENES PULGARES GIGANTES?

Verás, ¿alguna vez has visto esas imágenes parodia en las que se muestra al ser humano del futuro? Con unos pulgares gigantes porque estamos todo el día usando el móvil, que desarrollaremos una joroba por estar enganchados al ordenador y a la videoconsola, y que tarde o temprano hará que tengamos un único ojo ciclópeo porque eso de necesitar visión de profundidad será innecesario gracias a las pantallas.

¿A que suena absurdo? Pues para Lamarck era lógico. Si le preguntaras a él te diría que le cuadra que los humanos tengamos pulgares cada vez más gordos y nuestros descendientes tendrán unos dedazos debido a que son prácticos y los usamos constantemente. Este razonamiento hizo que la propia teoría se tambalease porque, claro, todo es cuestión de ponerse a ello y, aunque bien es cierto que se pueden entrenar y potenciar «órganos» como los llamaba él, esto no asegura una evolución.

Vale, quizás el ejemplo de los pulgares es un poco exagerado. Vamos a usar un ejemplo más cercano y sencillo. Seguro que has ido al gimnasio alguna vez. Bueno, si no has ido es recomendable hacer ejercicio y estar en forma (nunca se sabe cuándo vas a necesitar salir corriendo). Pongamos que has ido, vas o irás al gimnasio, el tiempo verbal es lo de menos, y allí te encuentras con el típico individuo musculoso, con unos brazos más grandes que tu cabeza, pectorales enormes, abdominales tallados en mármol y unas piernas sólidas como columnas romanas. En resumen, que el tipo está más fuerte que el vinagre.

Vamos a ir un poco más allá, pongamos que no va al gimnasio para ponerse mazado y quedarse embelesado mientras admira sus portentosos bíceps, sino que se machaca levantando hierros por necesidad, porque trabaja con un martillo neumático en el campo de la construcción (como Arnold Schwarzenegger en *Desafío total*). Si le preguntaras de nuevo a Lamarck, obviamente te diría que la necesidad generada por su entorno ha impulsado a este señor (al que llamaremos Arnold) a entrenar y mejorar sus estructuras orgánicas y, efectivamente, solo hay que verlo para comprobar que ha obtenido unos muy buenos resultados. Pero ¿podríamos decir que Arnold ha evolucionado?

Pues no. Puede que haya desarrollado cambios, pero de forma voluntaria, por lo que anularía ese factor aleatorio, haciendo accesible la opción de evolucionar a todo el que quisiera, tal y como dijimos con el ejemplo anterior. Por lo que desmentiríamos la primera parte de la teoría de Lamarck, y a continuación desmontaremos el segundo punto de su propuesta.

¿Qué ocurrirá si Arnold tuviera descendencia? Si ese portento muscular lo ha adquirido, según el lamarckismo, debería tener unos bebés fuertotes, pues esos rasgos de alguna manera pasarían a sus hijos y estos ya saldrían así. Pero de momento hasta la fecha no ha nacido ningún bebé culturista, generalmente son regordetes y blanditos. Si no entrenaran, esos niños y niñas nunca podrían llegar a ser tan fuertes y musculosos como su padre.

El problema reside en que no queda claro cómo pasan a la descendencia estos caracteres. Se da por hecho que siempre van dirigidos hacia el éxito, cosa que empíricamente no es factible, porque sabemos que hay enfermedades y trastornos negativos que se heredan. Pero Lamarck nos intenta convencer de ello sin ser consciente que esto desmonta aún más su teoría.

Entonces confirmamos que este señor francés nos quiso colar una teoría de la evolución que era una chufa. Pues hombre, lo que se dice acertar, acertó poco y de refilón. Es más, su obra no tuvo un impacto significativo, simplemente fue una teoría más. Pero hay que reconocer su intelecto y valor al postular una idea que no había sido concebida hasta entonces, se atrevió a decir que las cosas evolucionaban y a abrir las mentes de otras personas a plantearse cosas.

Porque la ciencia es así, a lo mejor no das de lleno con la solución, pero sientas unas bases y animas a otros a intentarlo. Si siempre se obtuvieran las respuestas correctas a la primera esto sería muy fácil, a alguien le toca equivocarse para que el resto aprenda. Además, a Lamarck hay que darle margen de error, pues la genética no estaba avanzada y era un ignoto campo de conocimiento, es normal que no pudiera saberlo todo y que su lamarckismo cojeara.

Y para concluir vamos a revelar qué pasó con su épico enfrentamiento con Darwin. La velada del año: darwinismo contra lamarckismo, dos pesos pesados peleando por el cinturón de campeón de la evolución... Pues lo sentimos mucho, pero no va a haber combate.

¿Qué? ¿Cómo que no hay combate?

Pues por una sencilla cuestión de tiempo, y no porque se nos esté acabando el tiempo de lectura. Aún quedan muchos capítulos por delante. El problema de tiempo viene más bien por las fechas en que ambos vivieron, ya que Lamarck nació en 1744 y murió en 1829, mientras que Darwin nació en 1809 y murió en 1882. Es decir, que cuando Lamarck tenía unos ochenta años, Darwin apenas era un pipiolo de quince años que estaba con el pavo de la adolescencia. Así que no llegaron a ser coetáneos y no llegaron a tener un cara a cara. Aunque sí que llegaron a conocerse indirectamente, pues cuando se publicó la *Filosofía zoológica*, lo hizo en 1809, curiosamente el año que nació Darwin, al cual llegaron las teorías del francés, que le sirvieron de inspiración para su definitivo *El origen de las especies*. Así que no, no es que Lamarck se quivocase y Darwin tuviese razón, más bien, uno se adelantó a su tiempo y no disponía de todos los conocimientos necesarios para dar una teoría de la evolución; y el otro acertó, pero gracias no solo a sus investigaciones, sino a los que le precedieron con sus aventuradas teorías.

ADN BASURA

Cuando la genética empezó a darnos la capacidad de leer el ADN, los humanos fuimos capaces de ver nuestros más profundos entresijos por primera vez. Como ya sabes, el proyecto genoma humano nos trajo muchísima información y, como es normal en algo nuevo, a veces la interpretación no es la más correcta.

Cuando conseguimos los primeros resultados del genoma humano, los científicos se dieron cuenta de que la mayoría de los nucleótidos del ADN no codificaban para genes. Es decir, no terminaban convertidos en proteína, que es lo que hace las funciones en la célula. Si un genoma no termina en proteína, no podrá hacer una función, entonces, por lógica, estará ahí de adorno. Por lo tanto, se pensaba que la mayoría del ADN (entre el 80 y el 90 %) era simplemente relleno. Imagina ser un científico de los noventa (de esos con mucho ego) y afirmar que el 90 % de algo que ha sido seleccionado durante 4000 millones de años no sirve para nada. Y que todos te sigan el rollo, porque están más perdidos que un pulpo en un garaje. Decidieron llamarlo ADN basura.

La explicación que dieron es que servía para evitar mutaciones en las partes importantes. El famoso efecto banco de peces. Los peces que van en bancos de miles de individuos tienen ventaja individual porque si llega un depredador, al haber tantos peces, estadísticamente no se va a comer a ese pez en el que estás pensando. Le tocará a otro. Pues aquí ocurre lo mismo. Decían que si había mucho ADN no funcional, las mutaciones se darían más frecuentemente en esas zonas del ADN y no dañarían los genes. Esto tiene sentido, y puede que haya ciertas partes de ADN basura que funcionen como disuasión de mutaciones, pero hoy sabemos que el ADN basura sí tiene funciones.

Sabemos que hay zonas que actúan como espaciadores importantísimos entre genes, haciendo que algunos se expresen en bloque o haya pausas entre ellos. Otras zonas son los centrómeros y telómeros de los cromosomas, que aunque no acaben en gen, tienen unas de las funciones más importantes a la hora de la replicación del ADN y las células. También tenemos antiguos genes que fueron silenciados por mutaciones, pero que pueden ser reactivados en cualquier momento por otra mutación y, por tanto, otorgar nuevas características. Pero sobre todo la principal función del ADN no codificante es la regulación.

Sabemos que hay muchísimo ADN que se transcribe a ARN, pero no acaba en proteína. Y sabemos que ese ARN es capaz de controlar cuánto y cuándo se producen otras proteínas. Serían como ARN guardias de tráfico, permitiendo o bloqueando la producción de proteínas. Como te puedes imaginar, una célula es una locura y necesita una regulación extremadamente estricta. No puedes producir o activar una proteína de almacenaje de energía si lo que necesitas es lo contrario, obtener energía cuando estás haciendo deporte. O activar la enzima replicadora del ADN antes de tiempo y entonces producir errores cromosómicos antes de tiempo. Estos mecanismos reguladores son esenciales para el correcto funcionamiento de nuestro cuerpo.

De hecho, recientemente se ha otorgado el Premio Nobel de Medicina de 2024 a los estadounidenses Victor Ambros y Gary Ruvkunl por el descubrimiento de los microARN, que son pequeñas moléculas de ARN (ADN no codificante) cuya función es regular la diferenciación celular entre otras cosas. Es decir, ayudan a que tú tengas células de distintos tipos (epiteliales, neuronas, musculares...) con el mismo ADN. Inhiben y activan la producción de ciertas proteínas para asegurarse de que las funciones de las células son las que tienen que ser en cada zona. El descubrimiento de los ARN no codificantes fue una revolución en la biología celular, ya que nos hizo entender que la regulación de un organismo es extremadamente compleja y consta de muchos mecanismos diferentes (no solo proteínas). Pero también nos hizo ver que aunque no entendamos el porqué algo está ahí, no significa que no sirva para nada. Quizás todavía no entendemos su función.

Sin duda, la comunidad científica es mucho más cuidadosa con sus palabras hoy en día y se suele aplicar mucho la frase de Sócrates «solo sé que no sé nada».

4. DARWIN, LA IGUANA Y EL OTRO

Vamos a jugar a un juego. Así aligeramos el ritmo de la lectura.

Te decimos un nombre y contestas con la primera palabra que se te venga a la cabeza, ¿entendido?

Si te decimos Cristiano Ronaldo.

Seguramente dirás fútbol, futbolista o, si eres muy fan, Bicho.

Ahora, si nombramos a Darwin, tú contestas…

¿Qué? Perdona, ¿puedes repetir?

No te oímos, ¿podrías decirlo en voz alta?

Bueno, ya te habrás dado cuenta del ridículo que estás haciendo intentando gritarle a un libro. Pero daremos por hecho que has dicho «evolución». Si pensaste en *El origen de las especies* te equivocaste. Efectivamente, esa es la obra clave de Darwin, pero dijimos que pensarás en UNA palabra y eso son CINCO, aun así nos gusta que seas una persona con cultura.

De todos modos, lo que es seguro es que Charles Darwin dio un giro a la manera de abordar el tema de la evolución y, por eso, le vamos a dedicar un capítulo enterito para contar todo lo que hizo.

SU NOMBRE ES DARWIN, CHARLES DARWIN

A estas alturas de libro, seguramente ya estarás pensando en que estábamos tardando en hablar del gran Charles Darwin, el genio que revolucionó la ciencia, la biología, la sociedad y hasta la mismísima concepción del ser humano.

Imaginamos que crees que este señor fue una de las mentes más privilegiadas de su tiempo, con un cociente intelectual superior capaz de desarrollar una teoría compleja que conecta todos los elementos que explican la evolución, un estudioso como ningún otro que... Perdón, creo que nos hemos emocionado un poco. Vamos a respirar despacio y repasemos su vida para entender mejor cómo un chico de Inglaterra se convirtió en uno de los grandes nombres de la ciencia y hasta de la historia.

Vamos a intentar hacer este capítulo ligero, pues de este naturalista se han escrito muchos libros y biografías detalladas que incluyen hasta qué le gustaba desayunar los domingos. Pero nuestro objetivo no es redactar un capítulo de cuarenta páginas sobre su vida y obras, sino darte una idea de cómo acabó siendo quien fue y de qué manera llegó a las conclusiones para redactar su obra más importante.

Charles Robert Darwin nació el 12 de febrero de 1809, en Shrewsbury, Shropshire, Inglaterra. Espera, ¿se llamaba Carlos Roberto?, en fin. Pues Charles Robert Darwin, *aka* Charles Darwin, nació en una familia acomodada con un padre que era médico y hombre de negocios, tenía una madre que le quería, y disfrutaba de sus cinco hermanos. Darwin desde pequeño era curioso y le encantaba coleccionar insectos, hojas, rocas y cualquier cosa que la naturaleza le permitiera atrapar. Lástima que en esa época no existieran aún los Pokemon porque de chiquito al pequeño Darwin le hubiera volado la cabeza el concepto, además los Pokemon evolucionan, sería un niño la mar de feliz. Pero en pleno siglo xix con suerte podías hacerte un herbario, una litoteca (se llama así a una colección de rocas) o meter todo bicho que cupiera en un bote de cristal.

Pero su padre, como buen arquetipo de época, quería que su hijo fuera un hombre de bien y se empeñó en empezar a orientarle hacia el campo de la medicina inscribiéndole como alumno en la Universidad de Edimburgo. Ser médico era un trabajo con futuro porque, ya sabes, siempre va a haber gente que contraiga catarros, pero eso a Darwin no le gustaba nada. Eso de operar a los vivos no le convencía mucho. Sin embargo, le gustaba más disecar animales, como cierto protagonista de una película de Hitchcock. Y es que Darwin hizo muy buenas migas con John Edmonstone, un esclavo liberto que enseñaba taxidermia en la universidad. Este *hobby*, que parecía una pérdida de tiempo a ojos del padre de Charles, se convertiría en un futuro en una herramienta muy útil durante sus aventuras en el Beagle, pero para eso quedaban unos años.

Tras andar debatiendo sobre ciencias naturales en la universidad, participando con la Sociedad Pliniana e interesándose cada vez más por estos temas, un día tuvo una revelación: descubrió la teoría de la evolución. Pero no la suya, pues todavía era un chaval, sino la de Lamarck (ya hablamos de él en el capítulo anterior). Esta aproximación a estas propuestas tan revolucionarias hizo que Darwin alucinara bastante con el mundo que se abría ante él.

A ver, piensa que ahora damos por hecho la evolución, pero en ese momento era algo bastante innovador, y más aún en una sociedad religiosa. En esa época, aunque ya se tenían conocimientos científicos, se consideraba que la naturaleza era algo bastante estático y constante. Se percibían las especies como seres inmutables, eternos en el tiempo, que no cambiaban y mucho menos se pensaba que una especie pudiera ser consecuencia de una evolución a partir de otra. Se sabía que había parentesco entre especies, pero lo de que procedieran de un ancestro común que ha ido cambiando con el tiempo aún rozaba la ciencia ficción. De ahí que teorías como la que explicamos de Lamarck fueran un poco aventuradas y no muy tenidas en cuenta.

Volvamos con Darwin, que estaba bastante sorprendido con este nuevo concepto. Eso de la evolución se convirtió en una distracción más de sus estudios de Medicina, por lo que su padre, viendo su inutilidad, decidió buscarle otro empleo con futuro: ordenar a su hijo pastor anglicano enviándolo al Christ's College de Cambridge. Por lo que le apuntó a estudiar a la fuerza Teología y Letras. Como podrás imaginar, estos estudios tampoco entusiasmaron a Darwin, aunque encontró interesante el concepto de la teología natural, pues su mente seguía obsesionada con las ciencias naturales. Allí hizo amistad con el profesor de Botánica John Stevens Henslow, con el que se dedicaba a dar paseos y hablar de sus inquietudes sobre distintos temas de ciencia. A pesar de todo, completó su formación con buenas notas y volvió a casa tras sus estudios. Después hizo algunas excursiones y viajes con amigos, y tras unas idas y venidas, su destino le esperaba en forma de carta.

¿Y SI TIRO ESTA IGUANA AL AGUA?

Cuando llegó a su casa tenía una oferta que no podía rechazar, como diría un mafioso italoamericano. Se trataba de un viaje con los gastos pagados a bordo del HMS Beagle. Bueno, en realidad era una propuesta del profesor Henslow, quien había recomendado a Darwin para ir de ayudante del capitán Robert Fitzroy y trabajando sin cobrar. Para que veas que la crisis laboral de los jóvenes viene desde hace mucho. Pero el padre de Darwin dijo que ya le valía, todo el día de viajes y excursiones, que lo que tenía que hacer era trabajar en lugar de irse por ahí a navegar en un barco que iba a hacer una ruta que duraría años y que recorrería medio mundo. Pero al final convencieron al padre para que dejaran que el muchacho conociese mundo, ya sabéis las típicas frases «eso le ayudará a madurar», «seguro que así espabila», «verás cómo desarrolla una teoría evolutiva que revoluciona el mundo». Al final, tras mucho negociar y dialogar, consiguieron hacerle entrar en razón.

Por fin, el HMS Beagle zarpó de Plymouth, al sur de Inglaterra (nos han dicho que está muy bonito en primavera), en 1831. Su destino, como hemos mencionado, era recorrer las costas de la parte meridional de América del Sur para realizar mediciones y estudios en la zona, cartografiar la costa y estudiar las corrientes que podían afectar a la navegación. Pero Darwin no estaba allí solo para ser un trabaja-

dor más o el criado que ayudaba al capitán, o para marear-
se mucho a bordo. Él tenía iniciativa propia y quería
aprovechar esta oportunidad.

Figura 11. Barco de tres mástiles como el Beagle.

Por ello, se dedicó a hacer lo que mejor se le daba: coleccionar cosas. Durante el tiempo que pasaba en tierra firme,
Darwin se dedicó a recopilar todo lo que se encontraba que
le resultase curioso, ya fuera vegetal, mineral o animal. Su
intención era hacer una memoria de todos sus hallazgos,
documentarlos y hacerlos llegar a Cambridge. A falta de
postales, a su familia le mandaba todo lo que anotaba junto con variopintas muestras para su conservación, también
les decía que comía bien y que los echaba de menos, pero
eso ahora no viene al caso. ¿Y os acordáis que le gustaba
mucho disecar animales?, pues esa afición aquí le resultó

tremendamente útil junto a los conocimientos que había adquirido sobre geología, biología e incluso medicina a la hora de diseccionar ciertos animales. Además, era extremadamente riguroso a la hora de tomar notas e ilustrar todo acerca de sus muestreos, lo cual le permitiría tener mucho contenido en sus notas para complementar su futura investigación.

Por otro lado, este viaje estaba abriendo la mente de Darwin, y lo pudo comprobar desde su primera parada en la isla de Santiago, en Cabo Verde. Allí encontró algo sorprendente: restos de conchas. Y dirás: ¡pues qué novedad, allí hay playas, es normal encontrar conchas! Pero es que no las encontró en la playa, sino que dio con ellas en un estrato volcánico por encima del nivel del mar. Esto se debe al alzamiento del terreno por procesos geológicos. El hallazgo sembró una semilla muy importante en la mente de nuestro joven Charles: las cosas CAMBIAN.

Este descubrimiento pone en evidencia el gran trabajo polifacético que tuvo que hacer Darwin, no solo a nivel de naturalista, sino de geólogo e incluso de paleontólogo. Encontró bastantes fósiles de todo tipo, demostrando que aunque no tuviera una formación avanzada en ninguno de estos campos, su curiosidad y, en parte, su ansia por aprender de forma autodidacta, le ayudaron a poder hacer frente a este reto. Un reto que requería conocer conceptos pertenecientes a diferentes campos de la ciencia y conectarlos entre sí para obtener conclusiones. Esto claramente determinaría su obra.

Y lo que más cambió fue, por supuesto, su mente, que se abrió no solo a horizontes científicos, sino también culturales, lo cual siempre ayuda a tener una visión amplia y a no cerrarse a nuevas posibilidades. Esto también es imprescindible para una persona de ciencias, pues aunque todo parezca escrito, nada es inmutable.

¿Qué? ¿Que qué tiene que ver todo esto con una iguana? Ahora te lo contamos.

Tras ir de un lado a otro en este crucero por toda Sudamérica, pasando por Uruguay, Argentina, Chile, Perú, Ecuador... Decidieron tomar rumbo hacia Australia, haciendo una pequeña escala en las islas que cambiaron la vida de Darwin, las islas Galápagos.

Estas islas, situadas al oeste de Ecuador, son un pequeño archipiélago famoso por tener fauna muy variada, entre ella se encuentran obviamente las tortugas de Galápagos. Pero lo que más intrigó a nuestro joven naturalista fueron las iguanas. Es más, le fascinaron, le resultaron algo excepcional. Y no te vamos a engañar, estas iguanas son igual de aburridas que el resto de los reptiles del planeta, podrían ser el mejor somnífero si se les dedicara un documental. Pero estas tenían algo especial: sabían nadar.

Figura 12. Ilustración de iguana marina.

Darwin nunca había visto a una iguana nadar, y menos aún hacer natación sincronizada (ahora tienes la necesidad de googlear si existe algo así, ¿verdad?). La cosa es que hasta entonces solo se sabía que las iguanas eran animales de tierra, como mucho de rama si conseguían trepar, pero el agua no parecía su medio natural. Darwin estaba allí y vio como esas criaturas se tiraban al agua y parecían nadar bastante bien. Para asegurarse de que no era una situación puntual, decidió aplicar el criterio de la repetibilidad, así que atrapó una iguana, la tiró al mar y cuando esta volvía a salir la tiraba de nuevo al agua. Me imagino a los compañeros de viaje viendo como ese chico que tomaba notas se dedicaba a lanzar repetidas veces al pobre reptil. No le debieron dejar en tierra por poco. Y la pobre iguana estaría hasta las escamas de soportar al tipo este que no la dejaba salir del agua. Tras comprobar empíricamente las habilidades natatorias del animal sacó una nueva conclusión: las cosas SE ADAPTAN.

Y para reforzar su pensamiento como científico llegamos a los famosos pinzones de Darwin.

A DARWIN SE LO CONTÓ UN PAJARITO

Las Galápagos eran unas islas con una diversidad animal asombrosa, pero no solo entre las especies, sino también a nivel intraespecífico. Dentro de los individuos de una misma especie habrá una enorme variación dentro de la misma población. Lo observó en tortugas e iguanas, pero donde más pudo observar estas diferencias fue en los pinzones que habitaban estas islas, los cuales presentaban variaciones dentro de su plumaje, anatomía y hasta el pico lo tenían diferente. Así que para poder estudiarlos mejor y al no tener un móvil con cámara (bueno, en general no tenía móvil) decidió capturar algunos ejemplares para llevárselos de regreso a Inglaterra. No sin antes pasar por Australia.

Por suerte, durante su visita a esta peligrosísima región no fue picado ni mordido por ninguna criatura venenosa. Lo que sí se sabe es que pudo conocer al ornitorrinco. Parece ser que Darwin concebía a estos animales como si «dos creadores» los hubieran diseñado. Si tuviéramos una máquina del tiempo viajaríamos al momento en que se topó con el ornitorrinco solo para ver la cara que se le puso, seguro que se le escapó algún improperio.

Darwin consiguió volver a Inglaterra en 1836, sano, salvo y con todas sus extremidades en su sitio. Ese chico que no sabía qué hacer con su vida, que se embarcó en un viaje alrededor del mundo, volvió como un verdadero aventurero y convertido en toda una eminencia científica. No por sus publicaciones, sino por su incalculable labor de campo mediante la cual estuvo enviando muestras y notas de todo lo que fue encontrando a lo largo de los años que duró el viaje.

Pero volvamos con los pinzones.

Como hemos mencionado anteriormente, Darwin trajo varios pájaros pertenecientes al grupo de los pinzones, los cuales creía que eran variaciones dentro de la especie o incluso algunos ni siquiera pensaba que fueran pinzones. Hasta que John Gould, de profesión ornitólogo, decidió echar un ojo a los especímenes llegando a la conclusión de que se trataban de especies diferentes de pinzón, que en algún momento debieron separarse de su versión continental. Esto hizo que Darwin levantara una ceja de sospecha.

Pero la cosa no queda ahí, también recopiló fósiles y estos fueron estudiados por Richard Owen, anatomista del Real Colegio de Cirujanos de Inglaterra. Owen llegó a la conclusión de que estas criaturas extintas se parecían mucho a animales que habitaban actualmente Sudamérica, pues presentaban estructuras similares. Y Darwin volvió a levantar una ceja de sospecha.

Tras estas conclusiones, algunas reuniones más con otros científicos de la época y su propia observación de campo, algo se iba gestando en la mente de Darwin, un runrún. Pero era un concepto que solo flotaba por su cabeza, pues aún tenía que publicar el diario con Fitzroy de su viaje en el Beagle, el cual fue un tratado muy interesante sobre biología, geología y hasta antropología, además de recopilar todas las etapas del recorrido de la nave, siendo uno de los diarios de investigación de campo más completos hasta la fecha. Lo que hizo que Darwin aumentara más aún su renombre dentro de los círculos y sociedades científicas de la época.

Pero a pesar de su fama, la idea de la evolución de las especies era entonces algo etéreo, y solo llegó a comentarlo con algunos compañeros de confianza. Pues aunque ahora hablar de evolución es algo muy normal, entonces podía rozar la herejía. Eran unas ideas muy locas para una época en que la ciencia todavía estaba «en pañales».

Y dirás: pero bueno, si ya eran tiempos más modernos y civilizados, ya se había creado hasta la Royal Society.

Ya, pero aun así, aunque no lo creas, aún la ciencia era contemplada como algo peligroso. Mucha gente no tenía conocimientos básicos en esto y además no existía una tecnología con la que hacer demostraciones cuyos resultados pudieran usarse para explicar las teorías propuestas. Y eso que el método científico se aplica desde tiempos inmemoriales. No hay que olvidar que la religión aún tenía un gran peso hasta en niveles políticos, y una cosa como la ciencia que podía poner en duda ciertos conceptos la ponía en el punto de mira como algo que podía ser problemático. Así que cuando se planteaban ciertas propuestas científicas se hacía con precaución cuando podía interferir con el ámbito religioso.

Pero Darwin al final se vendría arriba y decidiría poner patas arriba al mundo con su *opus magnum*, una obra que hoy día sigue siendo tema de debate, intolerable para creacionistas y que, sin duda y hablando mal y pronto, fue todo un pelotazo para la ciencia.

EL ORIGEN DE LAS ESPECIES, Y TODO LO DEMÁS

Como dijimos antes, Darwin volvió en 1836. Y no fue llegar y ponerse a escribir su obra como un poseso. Primero tuvo que poner al día sus asuntos, valorar todas las muestras que consiguió, casarse y escribir unos cuantos tratados científicos sobre diferentes temas.

Pero al final decidió escribir sobre aquella conclusión a la que había ido llegando según obtenía resultados en sus observaciones y estudios. Y vaya si se lo tomó con calma, pues la primera edición de su archiconocida obra se publicó en 1859. Es decir, tardó 23 años en tener claras las ideas que quería contar. Bueno, más que claras, quería estar seguro de que lo que decía su teoría era lo bastante sólido como para que fuera tomada en serio. Él sabía que sus ideas estaban en zonas inexploradas de la ciencia y sus conclusiones eran lo bastante revolucionarias como para que pensaran que estaba loco. Pensad que en esa época cualquier cosa que se saliera de lo establecido era considerada una amenaza.

¿Y la Iglesia? Seguro que estaba ahí al acecho para ponerle de hereje para arriba por decir que el hombre viene del mono. Porque, claro, todos pensamos que en el primer párrafo de esta obra pone en grande algo así como «El ser humano viene del mono, tenemos pulgares y nos gustan los plátanos, y por eso la evolución existe». Bueno, pues sentimos desilusionarte, pero la cosa no fue así, al menos al principio.

El nombre original de la obra era *On the Origin of Species by Means of Natural Selection, or the Preservation of Favoured Races in the Struggle for Life* (*Sobre el origen de las especies por medio de la selección natural, o la preservación de las razas favorecidas en la lucha por la vida*), pero más tarde por cuestiones de marketing o porque poner tanta letra en la portada era mucho texto, decidieron simplificarlo a *El origen de las especies* (*On the Origin of Species*). Así muy resumidamente, este tratado científico tenía como objetivo explicar que las poblaciones evolucionan con el paso de las generaciones gracias a la selección natural, y que la gran variedad de especies que existen es porque hay un origen común que se ha ido ramificando dando a los distintos tipos de seres vivos.

Y tú con tu mentalidad de tiburón estarás ahí pensando: sí, mucha fama y demás, pero un libro así de ciencia con ese título como que no vendería nada. En esa época no había tanta afición a leer como ahora, no tenían la tarjeta descuento de la tienda de libros de turno y la ciencia no tenía tanto tirón como actualmente con los divulgadores y los experimentos que puedes ver en YouTube. Pues..., verás..., ¿estás sentado/a? Darwin vendió en su primera edición 1250 ejemplares, agotando las existencias que se habían impreso en tiempo récord (esperemos que este libro que estás leyendo tenga el mismo éxito). Para la época, y para ser un libro de ciencia, fue un verdadero melocotonazo, un verdadero *best seller*. Atrayendo a lectores de todas partes del mundo, todos querían saber qué contaba ese señor con barba en su libro. Lo compraron científicos, religiosos, políticos, curiosos e incluso los que no lo compraron o no sabían leer, iban a charlas sobre la obra. Fue precursor de la divulgación científica, hizo a la gente querer saber más sobre ello. Vamos, que se hizo viral, todo el mundo hablaba de él e incluso se hicieron memes de Darwin.

Y con tantos seguidores, también surgieron *haters* contra su obra, porque las ideas que planteaba eran... ¿En serio decía lo del mono? Bueno, vamos a repasar las ideas principales que propone para entender por qué tuvo tanto éxito y por qué se ha mantenido hasta nuestros días como una de las obras más brillantes para la ciencia.

HERENCIA Y DESCENDENCIA

Toda criatura se reproduce y tiene descendencia, es una cosa fundamental para un ser vivo. Esta descendencia puede heredar caracteres de sus predecesores. Si hay especies que presentan caracteres parecidos entre sí, se puede pensar que no han sido desarrollados de forma independiente, sino que en algún momento han surgido variaciones a partir de un origen común del que han heredado unas cosas, pero a la vez otras se han modificado.

Esto chocaba de frente con el concepto que se tenía hasta entonces de cómo funcionaban los seres vivos. Se pensaba que los seres vivos eran tal cual, y aquellos que se habían extinguido no se identificaban como predecesores, sino como especies independientes que no habían sabido adaptarse o que algún cataclismo las había exterminado.

Para Darwin, estas variaciones han surgido por distintas razones, como, por ejemplo, el uso y desuso de ciertas estructuras, lo que usas a menudo tiende a mejorar y lo que no utilizas tiende a desaparecer. Pero digamos que el principal y más importante motivo que induce estas variaciones es la necesidad. Las necesidades generadas por el entorno y las condiciones de vida crean oportunidades de mejora, y esto nos lleva al segundo punto clave.

LA SELECCIÓN NATURAL

Aquí está el meollo de la cuestión, la selección natural es la clave para entender la obra de Darwin. Este concepto toma la idea de esa «necesidad» que mencionamos antes y lo convierte en una presión sobre los individuos. Digamos que crea un «*battle royale*», un todos contra todos, en el que solo ganan aquellos que saben adaptarse. ¿Y cómo te adaptas? Pues adquiriendo esas variaciones, las más útiles son las que funcionan y permiten triunfar a los individuos que las tienen. Estas variaciones van desde adaptaciones al entorno (soportar cambios de temperatura, sequías…), desarrollo de nuevas estructuras (tejidos resistentes, picos más largos, cuernos, músculos más potentes…) o mejoras a nivel fisiológico (variaciones en las tasas de reproducción, metabolismo mejorado…).

En resumen, a mejor adaptación, mejor supervivencia y tu especie puede prolongarse en el tiempo. Porque esos caracteres que te hacen especial van a heredarlos tus descendientes, que además seguirán siendo cada vez más presionados por la selección natural y se irán puliendo cada vez más y más dando lugar a individuos todoterreno capaces de sobrevivir a lo que les echen. ¿Y qué pasa con los que no lo consiguen? Pues los recordaremos con mucho cariño como fósiles en los museos.

De aquí surge el concepto de «la supervivencia del más fuerte», aunque aquí hay que aclarar un par de puntos. En inglés para referirse al «más fuerte» no usan *strongest* sino *fittest*, que podría traducirse como el que está «más en forma o el más apto». Esto supone que no es la potencia física o muscular necesariamente lo más importante, ni ser el más gigachad de tu especie, sino ser capaz de salir adelante. Sí, los dinosaurios podrían ser enormes y poderosos, pero tras el cataclismo no estaban adaptados y fuimos los mamíferos canijos y débiles los que reunimos todas las papeletas para ser los nuevos triunfadores del ecosistema que surgió tras la gran extinción. La otra cosa que hay que aclarar es que no solo tú tienes que ser el mejor, tu descendencia también tiene que heredar esos rasgos, porque si tú eres la caña pero tus hijos son vulnerables, no sobrevivirán y tu especie pasará a la lista de extintas.

GRADUALISMO

Otro factor importante que menciona Darwin es el gradualismo, o dicho de manera simple, la evolución no ocurre de un día para otro. Porque esto no es un Pokemon que de repente alcanza el nivel 36 y «PUF» ahora tienes un Charizard. Los cambios que van sucediendo son sutiles y aleatorios, por lo que es difícil identificarlos hasta que son lo bastante grandes como para que llamen la atención. Otra opción es que se cambie de zona geográfica, lo cual potencia que los cambios sean más divergentes (que los individuos se diferencien tanto que ya no parezcan ni primos lejanos) y con el tiempo tengamos ya dos especies diferentes.

Para demostrar esto, utilizó ejemplos que él había identificado, como los famosos pinzones que encontró en las islas Galápagos. Estos tenían un origen común, pero se fueron diferenciando tanto en rasgos como en el espacio y funciones en el ecosistema, y al final fueron un conjunto de especies diferentes que incluso parecían no tener conexión entre ellas.

ENTONCES, ¿CUÁNDO DICE QUE VENIMOS DEL MONO?

En realidad, ese no era el centro de su teoría, fue más una conclusión. Verás, si todas las especies tienen un antepasado del que proceden, nosotros los humanos por mucho que nos lo tengamos creído también somos animales y en algún momento hemos tenido que ir evolucionando a partir de algo. Y si te pones a pensar en el mundo animal y comparas un poco nuestra anatomía, pues como que no estamos muy emparentados ni con la lamprea, ni con la mantis religiosa (ni siquiera las monjas), ni con una cigüeña (por mucho que traigan bebés de París). Lo que más se parece a nosotros son los primates, y se llega a la conclusión de que entre los simios y nosotros habría un antecesor común. Pero ya sabrás que siempre hay alguien que agarra el rábano por las hojas y modifica un poco el titular para vender algunos periódicos de más, y decir que el ser humano viene del mono vende bien.

Y, claro, pensando que entonces se consideraba a los monetes como los bufones de la naturaleza, compararnos con algo tan ridículo y poco poderoso no hizo mucha gracia. Eso también es cosa del marketing, porque si nos hubiéramos comparado con un poderoso gorila, la cosa a lo mejor hubiera tenido mejor recepción. Pero de marketing solo sabemos que el 2x1 siempre renta y que 3 pizzas medianas tienen más superficie que 2 familiares, siempre y cuando el grosor de la masa sea el mismo. Vamos, que la idea de emparentarnos con algo así ofendió a muchos, tanto religiosos como no, cosa que hizo que surgieran opositores a la teoría. También hubo científicos que se opusieron a la teoría del origen de las especies, pero su mayor problema procedía de la datación de la geología, que para entonces era una ciencia que necesitaba una reforma que más adelante acabaría dando la razón a Darwin.

En resumen, *El origen de las especies* es una obra que fue capaz de ver más allá, plantear ideas que se oponían al orden establecido a nivel científico con una argumentación convincente. Fue un fenómeno social, una de las primeras veces que la ciencia generó el interés de un público que no tenía idea de ciencia, creando expectación por entender cómo era eso de que veníamos a partir de otra cosa, que no habíamos sido siempre así. Por supuesto, abrió una nueva visión sobre nuestros conocimientos de la naturaleza: llegó a reformular conceptos que teníamos dados por hecho y creó un campo de investigación que se iría reforzando con la biología moderna, la genética, los avances en anatomía comparada y la paleontología.

Darwin cambió nuestra forma de entender la historia del mundo, al menos del mundo natural y...

TOC, TOC

ALFRED WALLACE LLAMA A LA PUERTA: EL OTRO

¿Sí? Mire, es que estamos acabando el capítulo de Darwin y nos estaba quedando muy bonito, ¿no puede venir otro día?

Oiga, no empuje, que ya le dejamos pasar. ¡Vaya afán de protagonismo tienen algunos!

Pues antes de cerrar el capítulo vamos a hablar un poquito de Alfred Russel Wallace, porque si no este señor no se queda a gusto y no podremos seguir con el libro (imagínalo con barba, vestido muy formal y sentado en un sofá con cara de haberse levantado con el pie izquierdo, y de vez en cuando murmura algo entre gruñidos).

Este señor era naturalista, biólogo, también geógrafo y cuando le cuadraban las fechas se dedicaba a ser explorador. Había nacido en 1823, solo 12 años más tarde que Darwin, por lo que pertenecía a su misma generación, más o menos. Con su amplia formación, ¿cómo iba a quedarse en casa aburrido? Decidió recorrer el Sudeste Asiático y América del Sur mientras, al igual que Darwin, se dedicaba a recopilar muestras y realizar anotaciones de aquello que iba descubriendo. A diferencia del famoso «señor del origen de las especies», Wallace hizo bastantes más expediciones que no solo se enfocaban en el estudio de las especies que se encontraba, sino que también se centraba en su distribución geográfica.

Bueno, vale, otro que decidió explorar como Darwin, ¿qué tiene eso de especial? Pues agárrate a tu tía, porque se viene girito inesperado. Según iba Wallace ampliando sus conocimientos sobre la biodiversidad y a medida que se daba cuenta del parecido entre algunas especies geográficamente próximas, en la mente de Wallace surgió una idea asociada a esos caracteres que cambiaban y se adaptaban, se le ocurrió algo así como una teoría evolutiva.

Además, Wallace conocía a Darwin, pues le había editado algunos trabajos y hasta el propio Darwin le ayudó a recibir una pensión del Gobierno debido a su aporte a la ciencia. Ambos mantuvieron durante años el contacto por medio de cartas en las que ya Wallace le iba contando parte de sus conclusiones e incluso llegó a publicar un tratado en 1855 bajo en nombre de *Sobre la ley que ha regulado la introducción de nuevas especies* (*On the Law Which has Regulated the Introduction of Species*), ¡ojo ahí, cuatro años antes del origen de las especies!

Esto a Darwin no le impresionó, pero Charles Lyell ya había leído esta publicación y vio su potencial. Tanto, que fue a casa de Darwin, le dio una colleja y le dijo «Espabila y ponte a escribir el libro que al final se te adelantan». Bueno, seguramente no le dio una colleja, pero lo importante es que Wallace estaba muy cerca del concepto de «selección natural». Incluso le envió a Darwin un texto titulado «Sobre la tendencia de las variedades a diferenciarse indefinidamente del tipo original». Este, cuando lo leyó, decidió que tenía que publicarlo y conseguir el mérito que se merecía Wallace. El texto se presentó ante la Sociedad Linneana de Londres en 1858 por Darwin con Wallace como codescubridor y, aunque esta publicación tenía muchos de los elementos clave de la teoría de la evolución, pasó sin pena ni gloria.

En cierta manera, la obra reunía todos los conceptos básicos de evolución, pero a nadie le importó un pimiento eso de la selección natural.

Un año después, el archiconocido, el inimitable, el legendario Charles Darwin presentó *El origen de las especies* y lo petó.

Hay leyendas sobre que Darwin hizo que a Wallace se le menospreciara, que retrasó sus respuestas y que hasta intentó confundir a Wallace, o incluso que le robó la idea, pero todo eso es salseo.

La realidad es que Darwin llevaba casi veinte años desarrollando su teoría, y las conclusiones de Wallace le sirvieron para reafirmar su concepto que tenía sobre la evolución y la selección natural. Entonces, ¿por qué un escrito no triunfó y el otro fue un *best seller*? Seguramente fue porque Darwin ya llevaba años tras esas conclusiones y porque Wallace no tenía un prestigio notable en el ámbito científico (y sí, hasta en la ciencia es cierto ese refrán de «unos tienen la fama y otros cardan la lana»). Posiblemente, una obra conjunta no tuvo el mismo mérito, o incluso que no estuviera presencialmente el propio Wallace para presentarlo le dio un carácter de obra menor. Mientras que Darwin ya era un tipo con un +5 en Carisma y un +5 en Inteligencia que se había ganado la admiración de todos, que esperaban ansiosos esa gran obra.

Tampoco es cierta la historia de que la teoría de ambos era la misma. En absoluto era así. Ambos tenían visiones diferentes en el concepto de la selección natural, Darwin lo veía como una consecuencia de la lucha entre los individuos de la misma especie para conseguir sobrevivir, mientras que Wallace consideraba que era el entorno el elemento clave. El tiempo pondría en evidencia que ambos tenían razón.

Fueron las dos grandes mentes que afianzaron el concepto de evolución que llegaría a nosotros, ambos se mantuvieron siempre en contacto y se mencionaban mutuamente en sus obras posteriores. Wallace era el autor que más utilizaba Darwin como ejemplo en su obra *El origen del hombre*, mientras que el propio Wallace escribió una obra bajo el título de *Darwinismo*, donde defendía la selección natural de su amigo. De esta manera, quedó acuñado el término que recopila la teoría de Darwin: el darwinismo. Esta se convirtió el patrón de oro que definía perfectamente la evolución, pero ya veremos en el futuro que esa teoría, aunque muy buena, necesitaría algunos retoques.

Parece que después de esto el señor Wallace sonríe un poco más, así que cuando oigas a alguien hablar de Darwin, recuerda que un tipo llamado Alfred Russel Wallace también tuvo mérito en descubrir eso que llaman evolución y selección natural.

EVA MITOCONDRIAL

Los humanos (y todos los organismos eucariotas) tenemos dos tipos de genomas en nuestras células. El genoma clásico de los cromosomas que se encuentran en el núcleo celular, con su forma de X cuando la célula va a dividirse y un ADN que se encuentra dentro de las mitocondrias, llamado ADN mitocondrial o ADNmt. Las plantas y algas tienen además el ADN de los cloroplastos.

Las mitocondrias son la fábrica de energía de la célula y, además, tienen ADN propio. Esto es debido a una mala digestión en su interior en su origen. Estas mitocondrias están distribuidas por el citoplasma celular y se dividen de manera independiente al núcleo. Están por ahí flotando y cuando se divide la célula, se distribuyen según les toque, ya que suele haber muchas.

Cuando haces mucho deporte aumenta el número de mitocondrias en tus células musculares, ya que la demanda energética es mayor. También sabemos que el declive cognitivo relacionado con el envejecimiento normal del cerebro está relacionado con un menor acceso a energía celular, por lo que hay mucha investigación en mitocondrias.

Uno de los datos más relevantes cuando hablamos de las mitocondrias es que solo las heredamos de nuestra madre. A la hora de formar el óvulo, las mitocondrias se quedan en el citoplasma, mientras que esto no ocurre con los espermatozoides, que pierden las mitocondrias y son básicamente una cabeza con la mitad de los cromosomas y una cola unida. Hace unos años salió un estudio que decía que las mitocondrias pueden heredarse de los espermatozoides en algunos casos. Sin embargo, estudios posteriores han demostrado que esto no es así. Parece que hubo algún error experimental y no ha conseguido volver a demostrarse.

Que heredemos este ADN mitocondrial solamente de nuestra madre nos permite hacer un árbol genealógico de madres y abuelas muy completo. Esto es lo que hicieron unos científicos de California en 1987. Publicaron su estudio «Mitochondrial DNA and human evolution» en la revista *Nature*. Analizaron el ADNmt de muchas mujeres y mediante la tasa de mutación que sabemos que sufre el ADN de las mitocondrias, fueron capaces de ver que hace unos 150 000-200 000 años, ese ADNmt era el mismo, es decir, encontraron que a pesar de que hoy en día hay varios linajes, estos en realidad provienen del mismo linaje original. Estudios posteriores han conseguido triangular el origen de Eva mitocondrial a un lugar del África subsahariana. Seguramente en un lugar cercano a los actuales Zimbabue o Botsuana.

El nombre «Eva mitocondrial» es una licencia poética, algo que solemos hacer bastante los científicos, aunque no lo parezca. No tiene nada que ver con la Eva de la Biblia. Tampoco es la única mujer que existía entonces. Simplemente fue la única mujer que terminó pasando su ADNmt a los humanos del presente. El ADN de los cromosomas del núcleo de otras mujeres sí que ha llegado hasta hoy. Tampoco fue la primera mujer de la historia. Hay algo de controversia en cuanto a exactamente cuándo vivió esta Eva (50 000 años de error son muchos años), pero sí sabemos que existió y que era de África subsahariana.

Como curiosidad, el equivalente para hacer árboles genealógicos de padres y abuelos sería el cromosoma Y, que solo se hereda de padres a hijos. En este caso se cree que también hay un Adán Y-cromosómico que vivió hace entre 200 000 y 300 000 años en África, pero más central y noroeste que Eva, en lo que hoy sería Nigeria o Níger.

5. SOY LUCA, YO SOY TU PADRE

Al igual que la filmografía de Christopher Nolan, la evolución también tiene un «origen». De alguna parte tiene que venir todo esto. Y la pregunta que más se ha hecho la humanidad es cómo surge la vida. Y si la vida se basa en evolución darwiniana, debemos entonces preguntarnos también cuándo surge la primera evolución. ¿Qué fue primero, la vida o la evolución? La respuesta te sorprenderá.

Por cierto:

— Siempre fue antes el huevo que la gallina, pues los peces, anfibios y reptiles ya ponían huevos antes de la aparición de las aves.

— La lata (1813) se inventó antes que el abrelatas (1855), hasta entonces las latas se abrían con lo primero que tuvieras a mano.

— Y el nombre «naranja» viene del sánscrito y se usaba para denominar esta fruta antes de que se utilizara como denominación cromática, hasta entonces el color naranja se definía como rojo claro o amarillo oscuro.

Ahora sí, vamos al tema.

Una pregunta que recibimos frecuentemente es la siguiente: si la evolución ocurre a partir de otro organismo o célula, ¿de dónde sale el organismo original? ¿Cómo se crea esa primera vida? La pregunta y la respuesta tienen mucha miga, pero antes de nada queremos avisarte de que es prácticamente imposible contestar con un 100 % de seguridad a la pregunta sobre cómo se forma la vida en la Tierra.

A pesar de toda nuestra ciencia y conocimientos, aún hay cosas que se nos escapan, pero vamos a ver qué sabemos hasta ahora.

Imagina que te encuentras una tarta (de queso, obviamente) en tu cocina, como por arte de magia. La pruebas y te encanta, el sabor es increíble y la textura…, ¡no puedes vivir sin volver a probarla! Sin embargo, no sabes la receta, ya que alguien la dejó ahí para ti sin decirte nada. Puedes llevarla a analizar, y un científico puede decirte los ingredientes que lleva. Leche, huevos, harina, azúcar y un tipo de queso especial. Sin embargo, no sabes las cantidades exactas de cada uno, ni el tiempo de mezclado, ni de horneado. Tampoco sabes cuántas pizcas de amor lleva, el ingrediente más importante. Por lo tanto, tu trabajo a partir de ahora será probar a cocinar tartas con esos ingredientes, mezclándolos en distinto orden, cantidad y con diferentes protocolos de horneado. Seguramente haya miles de formas de obtener una tarta de queso y puede que muchas recetas se parezcan sospechosamente a aquella que apareció aquel día. Pero la realidad es que, incluso aunque el sabor que consigas sea exactamente igual que el original, nunca podrás saber con certeza cuál era la receta original.

Este es el problema que tenemos los bioquímicos cuando investigamos el origen de la vida. Sabemos los ingredientes de la vida, incluso sabemos qué ingredientes había en aquellos tiempos, pero no sabemos cuáles fueron las condiciones exactas para dar lugar a la vida. Podemos hipotetizar, y seguramente nos acercaremos mucho a una respuesta correcta. Pero dado que nunca más podremos volver a esos tiempos, nos es imposible observar exactamente cómo ocurre la primera formación de vida.

Aclarado esto, os vamos a contar el apasionante mundo del origen de la vida en la Tierra y el surgimiento de lo que pensamos los científicos que es la primera evolución.

EN UN LUGAR DE LA TIERRA, DE CUYO NOMBRE NO QUIERO ACORDARME...

La vida no surge de un día para otro, en tiempo humano tardó más que los últimos cinco minutos de clase del viernes, que se nos hacían eternos. Pero la realidad es que, en escala temporal del sistema solar, tarda muy poco en aparecer. La vida en la Tierra surge en los primeros millones de años de existencia de la Tierra, como si tuviera «prisa» por nacer, llegar a ser seres complejos y entenderse a sí misma. Hablemos de números: en cuanto la Tierra deja de ser una bola de lava humeante... ¡PUM! surge la vida. Los datos más conservadores nos dicen que tarda solamente unos 1000 millones de años desde la formación del sistema solar y la Tierra, pero hay otros expertos que la sitúan a solo quinientos millones de años tras la formación de la Tierra. Para que te hagas una idea, la Tierra actualmente tiene alrededor de 4543 millones de años. Pero debemos pensar que a nivel geológico 1000 millones de años no es taaaanto, y más teniendo en cuenta que los primeros 200 o 300 millones esto era un infierno inhabitable de lava, meteoritos constantes y explosiones volcánicas extremas.

En cuanto las cosas se calmaron un poco, surgió la vida. Pero como bien estás pensando, no puede ser tan fácil. La vida es algo complejo, tiene muchos ingredientes, y si fuera tan sencillo, ya habríamos visto surgir una nueva vida en algún laboratorio. Aunque la vida sea compleja, si pensamos en los principios de la evolución, la vida se ha ido haciendo más compleja y esto nos indica que seguramente las cosas surgieron en un sistema mucho más sencillo del que tenemos hoy día. Es lo que nosotros llamamos la «protovida» o la «pseudovida». Esa protovida no sería una célula, o una bacteria, sino que serían simples moléculas orgánicas (hechas de carbono y otros elementos abundantes) que terminarían dando lugar a la vida en el futuro, pero que en sus inicios no eran más que moléculas reaccionando entre ellas en un lugar con agua, sales y seguramente una temperatura y presión agradables.

LOS INGREDIENTES DE LA VIDA

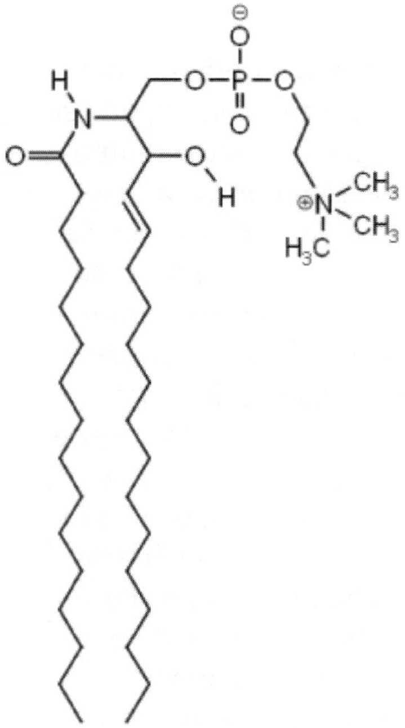

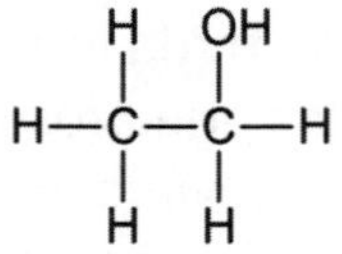

Etanol

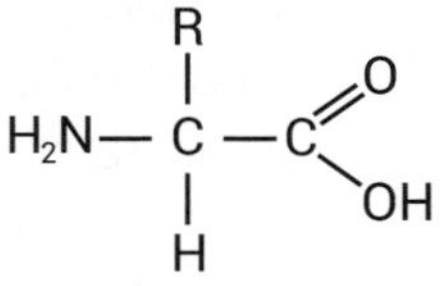

Aminoácido
(forma proteínas)

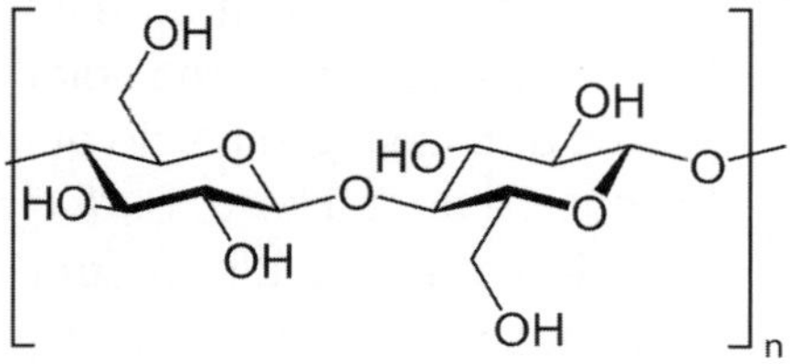

Celulosa (un carbohidrato presente
en las plantas)

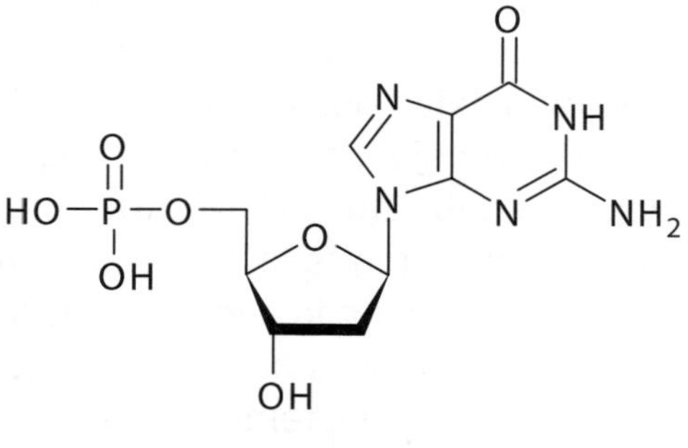

Esfingolípidos
(forman membranas)

Nucleótido (forma ácidos nucleicos)

Figura 13. Figura de distintas moléculas orgánicas simples y complejas. El carbono puede producir desde textura aceitosa (como las membranas de una célula), hasta algo tan duro y resistente como madera de árbol, pasando por proteínas, azúcares y ácidos nucleicos.

Pero ¿cuáles son los ingredientes de la tarta?... digo, ¿de la vida? La vida que conocemos (la de la Tierra al menos) está formada principalmente por seis elementos químicos: son los llamados **CHONPS** (carbono, hidrógeno, oxígeno, nitrógeno, fósforo y azufre), por las letras que los representan en la tabla periódica. Es cierto que también necesitamos otros elementos como hierro, zinc, magnesio, manganeso, etc., pero en menor cantidad. Por suerte, encontrar estos elementos secundarios no debería ser un problema en la Tierra primitiva. Todos los CHONPS son elementos muy abundantes en la Tierra (excepto el fósforo, pero tenemos hipótesis bastante realistas de cómo pudo haber estado disponible en esos tiempos remotos). Pero el elemento estrella en la vida es el carbono, un elemento poliamoroso. Le da igual crear enlaces simples, dobles, triples, consigo mismo o con otros átomos. Con todos funciona genial y es capaz de crear moléculas muy complejas exactamente por la misma razón. Gracias al carbono tenemos moléculas tan simples como el alcohol (etanol) o tan complejas como los esfingolípidos o el ácido desoxirribonucleico.

Ahora viene lo más alucinante: la evolución darwiniana de moléculas de protovida ocurre antes que la vida en sí. ¿Cómo te quedas? Efectivamente, la hipótesis más aceptada hoy día se basa en lo que conocemos como el mundo ARN. Este mundo empezaría por formar unas moléculas hechas de algo llamado ribonucleótidos (o algo similar más simple, pero que termina siendo ARN). Los ribonucleótidos son los ladrillos que forman el ARN que existe en nuestras células y que te sonará de las famosas vacunas contra la COVID-19. Estas moléculas serían algo similar a un collar de perlas, donde tenemos perlas de cuatro colores diferentes y se van añadiendo una detrás de otra para crear el collar. Habría infinidad de collares posibles, con distinta cantidad de perlas, colores y combinaciones. Cada color de perla tendría una peculiaridad química específica que hace que ese collar tienda a doblarse de una forma muy particular. Si hay dos cuentas complementarias, se unirán y formarán enlaces. Y al terminar de fabricar el collar, no tendrás

una ristra de cuentas, sino un «nudo» formado químicamente por fuerzas de atracción y repulsión. Parece que el
collar está hecho un desastre lleno de nudos, pero en realidad lo que está ocurriendo es algo increíble: se está formando una estructura en 3D de la cadena de ARN.

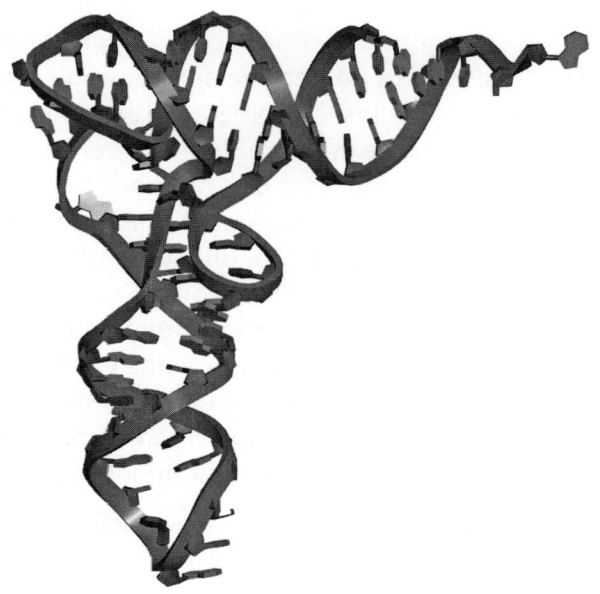

Figura 14. Imagen de estructura 3D de ARN. En este caso
es un ARN de transferencia de levadura obtenido de una
cristalografía. Se puede apreciar la forma de L.

Vale, pero qué más da que el collar esté hecho un nudo o
estirado en una hélice normal. Bueno, en biología ocurre
algo que es extremadamente importante y que hace que
todo funcione como debe funcionar: la estructura 3D de las
moléculas, la cual les otorga su función. Imagina una llave
que tiene que abrir una cerradura. Es la forma de la llave
y la forma de la cerradura lo que hace que ambas encajen y
funcionen perfectamente. Si la llave no tuviera su forma, no
podría realizar su función. Pues en biología (y prácticamente en todas las ciencias que explican la naturaleza) es

exactamente igual. Si una molécula tiene una forma determinada, con unas características determinadas, puede hacer cosas que en 2D no podría. En el caso del ARN, esto se denomina ribozima y tenemos muchos ejemplos en las células actuales que utilizan ARN plegado en distintas maneras para hacer funciones esenciales para que estemos todos vivos y funcionando plenamente (el más conocido es el ribosoma, el cual retomaremos unos párrafos más adelante).

El tema del origen de la vida siempre nos ha fascinado. Y os lo vamos a demostrar con una anécdota de Laura.

«Recuerdo que en una asignatura de la carrera teníamos que hacer un trabajo sobre algo relacionado con la bioquímica y yo elegí el origen de la vida en la Tierra. Por aquel entonces apenas había avances, ya que la mayoría de las ideas se han desarrollado en la última década. Pero recuerdo que el tema principal de mi trabajo (con presentación incluida a mis compañeros de clase) se centró en explicar las dos hipótesis que se tanteaban por aquel entonces y que parecían completamente opuestas. A un lado del ring tenemos a la hipótesis de "metabolismo primero" y en la otra esquina tenemos a la hipótesis de "replicación primero". Hoy día creo que ninguna de estas dos es la teoría oficial, sino que se ha llegado al consenso de que es imposible que haya una sin la otra cuando se trata de evolucionar hacia la primera vida».

EL ASOMBROSO MUNDO ARN

La hipótesis del mundo ARN, que es la más aceptada hoy día, se basa en que el ARN es la molécula más sencilla de obtener con capacidad funcional compleja. Se piensa que unos pequeños collares de perlas (nucleótidos) de ARN hace unos 4000 millones de años tendrían la capacidad de autorreplicarse, es decir, que tuvieran la capacidad de usar perlas que hubiera, por ejemplo, en un charco para ir añadiéndolas en un orden determinado (copiándose a sí mismos).

Estos collares se habrían formado primero aleatoriamente, ya que había nucleótidos en la Tierra por aquel entonces y sabemos que pueden tener tendencia a reaccionar entre ellos. Se han hecho experimentos en laboratorios, usando pequeños «collares» de ARN que han mostrado capacidad autorreplicativa, por lo que no parece una hipótesis muy loca. Se cree que estas moléculas de ARN, tras miles de años y mucha suerte química terminaron dando lugar a células basadas en ARN como principal molécula.

Y ahora viene lo interesante. Ya hemos explicado en capítulos anteriores que una de las maneras en que aparecen nuevas mutaciones es cometiendo errores al copiar el material genético (ya sabes, no pasa nada por fallar de vez en cuando, incluso podría salir algo bueno de ahí). Si nuestras primigenias moléculas de ARN se estuvieron copiando a sí mismas, lo más probable es que cometieran errores. ¡Y muchos! En esos tiempos en los que solo eran simples moléculas en un caldo primigenio, no había sistemas de revisión de las copias. Lo que salía, se quedaba así.

Es entonces cuando se produce la evolución darwiniana de unos simples collares de ARN. Cada vez que se produjera una copia errónea (por ejemplo, poner una perla verde cuando debería tocar una azul), esta cambiaría ligeramente su capacidad de copia. Quizás sería más rápida, o más lenta, más eficiente, cometería menos errores... y de este caldo de collares de perlas autorreplicativos, los que tuvieran mejor capacidad de copiarse a sí mismos serían de los que más habría, desbancando rápidamente al resto en número. ¿No te recuerda esto enormemente a cómo evoluciona la vida? Estos errores en la copia también podrían traer versiones que no son beneficiosas para la eficiencia de copiado, pero esas versiones se quedan atrás rápidamente. Lo increíble es que nuestros collares de ARN no están vivos, son simples moléculas autorreplicativas, es pura química. No comen, no interaccionan con el medio de forma compleja ni nada de eso. Solo están ahí, en un charquito de hace 4000 millones de años, copiando y evolucionando.

Mediante estos errores podrían generarse también otros collares con otras funciones además de las autorreplicativas. Como, por ejemplo, engancharse unos a otros para hacerse más largos, almacenar energía en forma de enlaces entre átomos, etc. Pero en este capítulo queremos hablar del origen de la vida y por ahora solo estamos imaginando un ligero reflejo de la vida con nuestros collares de ARN. Son la semilla que dará lugar a la vida, pero ¿cómo terminan convirtiéndose en algo vivo?

¿CUÁL ES EL SENTIDO DE LA VIDA? ¿QUÉ ES LA VIDA?

Para la primera pregunta tenemos una respuesta definitiva. El sentido de la vida es 42, tal y como nos enseñó la *Guía del autoestopista galáctico*.

Antes de explicar todo sobre cómo creemos que son las primeras formas de vida, debemos definir qué es la vida. Parece algo obvio, pero si nos paramos a pensarlo creo que pocos de nosotros podríamos dar una definición que sirva de verdad a la ciencia. La NASA describe la vida como «un sistema químico autosuficiente capaz de evolucionar darwinianamente». Como es una definición muy escueta, nos proponen también una serie de características que debe cumplir.

La vida debe tener un metabolismo para poder luchar contra el constante desorden del universo (estar ordenado en forma de célula requiere energía). También debe aislarse del medio en el que se encuentra, ya que si no, es imposible mantenerse como unidad y terminaría disuelta en millones de litros de agua. En resumen: debe sacar la energía de algún sitio y utilizarla para construir sus propias estructuras. Para que las funciones de la vida sean heredables para la siguiente generación, debe entonces existir una molécula que guarde esa información (en el caso de la vida en la Tierra esto sería el ADN). Finalmente, los organismos vivos deben poder ser capaces de relacionarse con el medio en el que se encuentran, ya sea para obtener energía, para evadir potenciales riesgos o para adaptarse a un medio inestable a lo largo del tiempo.

Se considera que la evolución darwiniana es esencial en la vida porque el universo es cambiante. Si la vida no puede adaptarse a planetas (o satélites, o asteroides) que no son para nada estables, entonces desaparecerá. Como puedes ver, no es una definición muy precisa. Los propios científicos tenemos problemas para clasificar ciertos organismos (como, por ejemplo, los virus, que no cumplen alguna de estas reglas y por tanto quedan fuera de la casilla de seres vivos) y hay debates muy activos sobre este y otros temas que a menudo rozan lo filosófico.

Volvamos pues a lo que sabemos, de cómo nuestros collares de ARN se convirtieron en vida. La hipótesis del mundo ARN tiene algunos vacíos que no podemos llenar (todavía), como, por ejemplo, en qué momento, y cómo, se pasa del ARN a la famosa molécula de ADN como principal almacenamiento de información para dejar el ARN en un lugar secundario para esta función. Tampoco tenemos muy claro cómo se introducen las proteínas en este puzle. Las proteínas están formadas por aminoácidos, que estaban presentes en la Tierra primitiva, pero por ahora nos es demasiado complejo pasar de la simplicidad de una ribozima a la complejidad del mundo actual ADN-ARN-proteína. Sin embargo, que todavía no sepamos cómo ha ocurrido algo no significa que no haya ocurrido. Simplemente todavía no lo hemos estudiado suficiente como para haber tenido una idea que lo explique.

En cambio, cómo se produce la fusión de estas moléculas autorreplicativas con unas membranas celulares similares a las que tenemos los seres vivos no nos queda tan lejos. Hay bastantes experimentos en los que se consiguen gotículas (gotitas muy muy muy pequeñas) de grasa de doble capa sin muchos problemas. Aún no se ha podido replicar en laboratorio cómo unos collares de ARN se introducen dentro de gotículas de grasa para formar una protocélula, pero parece una idea bastante factible, ya que estas bicapas de grasa se forman de manera muy sencilla y seguramente fueron muy comunes.

A pesar de las grandes incógnitas de este modelo, tenemos varias pistas que nos indican que la vida surge primero mediante estas moléculas de ARN. La principal es que el ARN puede actuar tanto como molécula de información, como molécula de función. Es decir, en una única molécula tendríamos dos de los requisitos necesarios para la definición de vida. Hoy día, el ARN tiene un papel menos relevante, pero sigue habiendo muchas ribozimas en nuestras células, que curiosamente son muy parecidas en todos y cada uno de los seres vivos de la Tierra. Nos referimos al famoso ribosoma que hemos mencionado antes.

El ribosoma es un megacomponente que está en todas las células de la Tierra y es conocido coloquialmente como «la fábrica de proteínas de la célula». Se encarga de leer la información genética para producir las proteínas, que son las moléculas que hoy día hacen las funciones de la célula. Una proteína podría ser una enzima que obtiene energía de la glucosa, o que produce el potencial de acción en tus neuronas, o incluso la miosina que permite que flexiones tu brazo para sacar bíceps.

La función del ribosoma, producir proteínas, está extremadamente conservada en la vida (esto quiere decir que ha cambiado muy poco desde bacterias a nosotros) y la parte importante la hace una molécula de ARN (el ARN ribosómico). Cuando algo está tan conservado como el ribosoma nos indica que, además de ser muy importante y delicado, seguramente estuviera presente en el inicio. Igual que tú compartes rasgos con tus hermanos porque los habéis heredado de vuestros padres. Hoy día la existencia del ribosoma tan conservado se considera uno de los indicios más fuertes del origen único de la vida en la Tierra.

Podría ser que la hipótesis del mundo ARN, en la que la primera célula consistía principalmente en membranas y material genético formado por ARN, no sea cierta. Como hemos explicado al inicio del capítulo, es muy difícil comprobarlo. Sin embargo, por ahora no existe otra idea que aporte tantas pistas como esta. Sin duda, la ciencia no ha dado el tema por zanjado y seguimos investigando. Estamos seguros de que si se hacen experimentos que apoyen otras hipótesis más fervientemente se adoptará esa nueva idea como la oficial. Y así hasta que lleguemos a una verdad suficientemente cerca de la realidad (si es que eso es posible en este tema).

¿QUIÉN ES LUCA? TU PADRE CON PELUCA

Vale, no sabemos exactamente cómo, pero llega un momento en que todas estas moléculas terminan reaccionando con otras y dan lugar a cosas parecidas a células en las que se está produciendo un metabolismo (seguramente algo muy sencillo) y se están dividiendo y evolucionando darwinianamente. La famosa protovida. Con el paso de los años se pasa del mundo ARN al mundo ADN-ARN-proteínas, que es bastante más complejo. Esto sin duda dio lugar a la célula más importante de la Tierra: LUCA, por sus siglas en inglés (*Last Universal Common Ancestor*) traducidas como «último antecesor común universal». LUCA sí tenía ADN, ARN y proteínas como forma de existencia (como nosotros) y por eso sabemos que fue el progenitor de toda la biodiversidad que hoy conocemos.

No sabemos cómo fue LUCA, solo podemos analizar cómo es la vida hoy día, y todos los factores que tenemos en común se los atribuimos también a LUCA. ¿Cómo si no íbamos todos a tener ribosomas, membranas, ADN, ARN y proteínas? Es más, usamos exactamente las mismas 4 letras del ADN, las mismas 4 letras del ARN y los mismos 20 aminoácidos que forman las proteínas. Hay muchos más posibles aminoácidos y nucleótidos, pero nos hemos quedado con estos en particular.

Además, el idioma genético que utilizan nuestras células (llamado código genético) también es universal. Estas características, y muchas más, las tenemos absolutamente todos los seres vivos de la Tierra. ¿Coincidencia? No lo creo. Sería mucha casualidad que después de varios miles de millones de años todos sigamos con el mismo esquema y no hayamos cambiado nada en lo esencial y, además este sistema funciona muy bien.

Por todo ello, podemos decir que nuestro padre es Julio Iglesias… Perdón, es la costumbre. LUCA es nuestro padre. Y tu padre. Y el de tu gato. Y el padre de esa bacteria que te «mira» desde la hoja de este libro. Y podemos alegrarnos, al fin y al cabo, preferimos que nuestro padre sea una protocélula que un lord sith que mete mucho ruido con un respirador y dueño de una Estrella de la Muerte.

Quizás (esto no podemos saberlo) hubo otras formas de vida antes, a la vez o después de LUCA, pero sabemos que si las hubo ninguna sobrevivió. Este pensamiento puede resultar algo desilusionante si no queremos estar solos en este vasto universo. ¿Por qué no se dieron otras formas de vida? ¿Es estadísticamente imposible? ¿O se dieron, pero LUCA las aniquiló por competencia? ¿Llegaron, pero era demasiado tarde? También podría ser que nuestra bioquímica es la más probable y la que mejor funciona y que, aunque había otras, finalmente se tendió a usar ADN, ARN y proteínas con estas moléculas en particular. Quién sabe. Sin embargo, si resulta que nunca se formó otra vida, podría ser que somos aún más afortunados de lo que imaginamos. Que las probabilidades eran prácticamente nulas, pero LUCA sí llegó a «nacer» y aquí estás hoy, entendiendo un poquito de cómo funciona la vida a través de este libro.

ALABADOS SEAN LOS VIRUS

Sin embargo, LUCA no estaba solo. Ni de lejos. Puede que sus compañeros no estuvieran vivos, pero siguen hoy entre nosotros. Nos referimos a los virus. Los virus no se consideran seres vivos porque no tienen su propio metabolismo. Se aprovechan de toda la parafernalia celular de la célula a la que infectan. Son parásitos intracelulares obligados. Pero han sido, son y serán esenciales para la vida tal y como la conocemos en la Tierra.

Los virus han generado siempre una gran presión evolutiva en sus víctimas, forzando a las especies a seguir evolucionando para defenderse de ellos. Puede que en esos primeros millones de años acelerase la diversidad de esas primeras células. Además, muchos tipos de virus basan su funcionamiento en introducirse en el genoma de sus víctimas y esperar dormidos el momento idóneo de volver a reproducirse. Este tipo de virus se conoce como retrovirus y su función en la evolución ha sido importantísima. Han sido los carteros de los genes de la vida, llevando genes de un organismo a otro y también de una especie a otra.

El origen de los virus ha sido ampliamente estudiado y sigue actualmente en debate. Originalmente se pensó que provenían de formas celulares típicas que fueron reduciendo su material genético al convertirse en parásitos y usar las moléculas de otros. Sin embargo, se ha visto que hay cientos de tipos de virus y que no parecen tener un origen común. Esto ha llevado a los científicos a pensar que quizás los virus hayan ido saliendo de manera independiente a lo largo de toda la historia de la evolución. Algunos de esos «collares» de ARN o alguna molécula suelta de ADN de alguna célula que fracasó podría haber seguido su ciclo químico y formar un virus que, al tener tan poca información, haya podido sobrevivir solo si usaba un huésped.

Los virus que surgieron para infectar una vida ya existente habrían seguido las mismas «leyes químicas» que nuestra vida (ADN, ARN y proteínas) porque si no, no tendrían a nadie a quien colonizar y nunca habrían podido sobrevivir. Es algo similar a los virus informáticos, para que puedan infectar un sistema operativo, deben funcionar con el mismo lenguaje. La vida solo se originó una vez (u otras vidas no lo lograron), pero los virus están casi vivos, de hecho, están más cerca de la vida que de una roca, obviamente. Por lo tanto, si así fue como surgieron los virus, entonces la formación de complejos moleculares que pueden dar lugar a la vida es más común de lo que creíamos. Podríamos estar hablando de que en la Tierra hay una única vida, pero además hay millones de casi-vidas que encajan perfectamente en los ecosistemas de esta y que funcionan de manera similar. Simplemente no son autosuficientes, son parásitos. A nosotros personalmente nos fascina que la probabilidad de vida sea relativamente alta si se dan las condiciones necesarias. Eso significaría que, si viajas a otra cocina, es bastante probable que haya una tarta allí y que puedas probar nuevas recetas y aprender otras tradiciones culinarias diferentes a la tuya.

DE LUCA A TU PRIMA

Vale, ya sabemos que LUCA fue el padre de toda la vida en la Tierra. ¿Pero cómo se pasa de una célula a millones y millones de especies de bacterias, arqueas, hongos, plantas, animales y protistas? Pues con mucho cuidado y mucha paciencia. El tiempo es lo más importante aquí. Hablamos de unos 3500 millones de años desde que LUCA existió. La cantidad de generaciones que habrá habido y la cantidad de errores que se habrán cometido desde entonces son imposibles de calcular.

Al inicio de la existencia de LUCA, los tiempos de replicación no serían muy rápidos. Dale un respiro al pobre LUCA, ¡qué acaba de nacer! Además, como todo joven también cometería muchos errores, y se juntaría con malas compañías como los virus trepas, que se aprovecharían de esas células, imagínate la cantidad de modificaciones que ocurrirían en ese material genético, seguro que no eran pocas. ¿O tú no cometías faltas de ortografía al aprender a escribir?

Partiendo de una población relativamente pequeña de hijos de LUCA, enseguida tendríamos una segunda generación muy diversa. Digamos que en unos pocos años LUCA ya no existiría, pero habría ya miles de versiones muy parecidas, con ligeros cambios que les daban características especiales. Quizás un fragmento del material genético se duplicó por error dando lugar a un lienzo mucho mayor donde cometer esos maravillosos errores. Quizás alguna no se dividió bien y quedaron unidas dando lugar a un híbrido extraño. También surgirían nuevas formas de obtener energía. Aún no sabemos cuál era la fuente de energía principal para LUCA, pero se cree que podría ser energía química o calorífica (por ejemplo, cerca de algún volcán submarino).

Todas estas versiones seguirían la selección natural. Las que eran más aptas sobrevivían y seguían replicándose. Las que obtenían mutaciones con desventajas para su supervivencia se terminaban extinguiendo, o al menos no se extendían tan rápido. Según fueron aumentando el número iban colonizando nuevos nichos. Tengamos en cuenta que la vida surge en el agua, pero no sabemos exactamente dónde en concreto. Lo normal sería extender su hogar a zonas cercanas y parecidas primero, pero según vamos teniendo variantes más alejadas genéticamente de la original, se darían oportunidades de vivir en zonas cada vez más distintas. Zonas más profundas, menos profundas, de agua más o menos salada, con más acceso a la superficie o a zonas más terrosas.

Lo que está claro es que una vez que se da el pistoletazo de salida, la vida sale corriendo a toda velocidad. En muy pocos años surge una variabilidad enorme de bacterias que colonizan distintos nichos y que son capaces hasta de cambiar la composición de la atmósfera de un planeta entero. Ha habido momentos más difíciles que otros en la historia de la Tierra, parafraseando de nuevo a Michael Crichton en su novela *Jurassic Park*: la vida se abre camino (aunque Jeff Goldblum lo decía mucho más sexi en la película con la camisa abierta).

Es gracias a esos collares de ARN y gracias a LUCA que los humanos estamos hoy aquí. Ha habido después una interminable lista de serendipias que también han tenido gran importancia en el surgimiento de los eucariotas, los vertebrados, los mamíferos y los homínidos. Sin embargo, el origen de todo, hace unos 4000 millones de años, es lo que más nos fascina. Unas simples moléculas se agrupan en un orden determinado y millones de años después la vida sigue abriéndose camino, y no tiene pinta de parar pronto.

VIRUS VANPIRO ESITEN

¿Y si los virus tuvieran virus? A alguno le convendría probar de su propia medicina, la verdad. Seguro que alguien que conoces te ha venido a la mente con la frase anterior. Pero estamos aquí para hablarte de virus.

Vamos a resumir muy rápido el ciclo de vida de un virus para que se pueda entender bien la mecánica de este proceso y lo que viene después. Un virus es una máquina biológica que va por un medio (agua, sangre, aire..., lo que sea) y en un momento dado se encuentra con una célula a la que puede infectar. Recordemos que los virus son bastante específicos porque solo pueden infectar a ciertos tipos de células. Por ejemplo, los bacteriófagos infectan a bacterias, el virus de la gripe puede parasitar a algunas células de mamífero y algunas de ave. El coronavirus afecta a humanos y algunos otros mamíferos, etc. En resumen, no todos los virus infectan los mismos tipos de células. El caso es que el virus encuentra una célula a la que infectar, porque alguna de las moléculas de su cápside es capaz de interactuar químicamente con alguna de las moléculas de la membrana de esa célula. Entonces se une a esa célula y entra por diferentes métodos. El siguiente paso sería inyectar en esa célula el material genético y alguna proteína. Esos pocos ingredientes que entran a la célula infectada tienen la capacidad de ser leídos y copiados por la célula como si fueran propios y esta ni se entera que está siendo infectada.

Algo interesante de los virus es que no se consideran vivos porque la cantidad de información genética que llevan dentro de sus cápsides es tan reducida que no les permite sobrevivir por sí mismos, ni aunque sea un poquitín. Lo que hacen es usar las maquinarias de las células a las que infectan para leer y copiar su material genético. Las proteínas de la cápside son producidas por los ribosomas de la célula huésped y el material genético es también copiado por sus polimerasas (proteínas que copian el material genético). Además utilizan sus moléculas de energía y los componentes para formar todas estas macromoléculas. Es básicamente como un hijo nini que vino sin haberlo planeado. Llega un día y pide y pide, pero tampoco hace nada. Le compras ropa, le das de comer y hasta que no tiene todo hecho, no se va de casa. Encima cuando se va te deja todo hecho un desastre. Algunos virus, al salir ocasionan la ruptura completa de la membrana celular, produciendo la muerte celular mientras se libera un enorme número de virus que infectarán a otras células.

Desde hace tiempo se conocen unos virus llamados «virus satélite», que son virus que no tienen la capacidad de replicar su material genético por sí solos y que necesitan que un virus específico (llamados virus auxiliares) infecte esa misma célula para poder completar el ciclo de reproducción. Ellos son capaces de infectar una célula y entrar dentro, pero para hacer copias de sí mismos necesitan robar la maquinaria replicadora de otro virus, pero todo esto dentro de una célula a la que están infectando.

Parásito de un parásito intracelular. No es como una matrioska, pero casi. La verdad, esta estrategia no parece muy inteligente, ya que en el caso de que nunca llegue el virus auxiliar a ESA célula en particular, el virus satélite se va a quedar esperando durante toda la eternidad y habrá conseguido la increíble hazaña de hacer... absolutamente nada. Como proyecto de vida puede parecer atractivo no hacer nada, pero a nivel evolutivo esto puede significar que tienes una gran dependencia de algo que puede no ocurrir y puedes terminar extinguiéndote. Es jugárselo todo a una carta. Sin embargo, existen muchas especies de virus satélite. Muchas consiguen seguir viviendo debido a que el virus auxiliar es relativamente abundante. Pero hay una estrategia mejor.

Hablamos de los virus vampiro, un nuevo tipo (nuevo para nosotros, obviamente) de virus satélite cuya estrategia no es esperar dentro de una célula a que llegue su virus auxiliar, sino que se pega cual vampiro al cuello de su virus auxiliar. De esta manera se asegura de ir siempre junto a él. Es algo que nunca se había visto antes y la imagen es muy curiosa. Ambos virus son redondeados, pero en las especies que consiguieron fotografiar con microscopio, el virus auxiliar tenía una cola que parecía un cuello, donde estaba anclado el virus vampiro. Por lo que su nombre es bastante acertado.

Más allá de ser una noticia interesante, este estudio pone de manifiesto las complejas relaciones entre especies y lo complicado que puede ser entender todo un sistema separando las partes en secciones más pequeñas. Siempre habrá relaciones entre individuos que ni nos esperábamos y que complican un poco más entender y controlar todo esto. La vida lleva 4000 millones de años pululando por la Tierra y no es algo sencillo. Puede que en el futuro la inteligencia artificial nos ayude a dibujar estas complejas redes de interacciones entre todos los seres vivos (y no vivos, como los virus) que forman parte de la naturaleza.

6. AHORA ERES PARTE DE MÍ: EL ORIGEN DE LAS CÉLULAS COMPLEJAS

Seguro que conoces el cuento de la Caperucita Roja, esa historia en la que un lobo comete un allanamiento de morada y engulle vivas a una niña y su abuelita. Al final del cuento el famoso cazador acaba con el lobo y saca a las dos vivas del interior del estómago de la malvada bestia. Hasta la llegada del cazador ambas permanecían retenidas vivas y sin digerir dentro del terrible lobo. ¿Y si te dijéramos que el origen de la célula eucariota es el lobo en la historia de la evolución y que también tenemos papeles para la Caperucita y la abuelita? Y no, no se nos ha ido la olla (aún).

EL EGOCENTRISMO ZOOLÓGICO

En los años sesenta, el mundo académico de la evolución era muy «zoocéntrico» (ponía el foco de la cuestión únicamente en el reino animal). A los científicos de entonces les costaba ver a las bacterias como el origen y parte importante de la evolución, por tanto, eran bastante ignoradas por los científicos evolutivos más relevantes del momento. Como te puedes imaginar, dejar fuera una de las partes de la vida cuando tratas de entender los pasos que te han llevado hasta allí no es una buena idea. Por esto, la comunidad científica estuvo atascada en el desarrollo de una teoría de la evolución que explicase todas las características de la vida.

Tampoco pienses que los científicos de esa época fueran unos ilustres ignorantes. Piensa que trabajar con modelos animales era mucho más cómodo. Además, la anatomía comparada hace mucho más sencillo ejemplificar teorías. También tenían la barrera tecnológica de su época, por lo que ponerse a trabajar a nivel celular o molecular no era cosa fácil. Aun así, no se bajaban de la burra del zoocentrismo y no se atrevían a mirar más allá. Pero eso fue hasta que llegó ella...

En este capítulo te vamos a contar como una investigadora llamada Lynn Margulis luchó durante años por publicar su teoría, poniendo fin a décadas de vacío en una importante pregunta: ¿cómo surgieron las células complejas a partir de células sencillas? Esto era algo que debía resolverse antes de que pudiéramos decir que entendíamos más o menos cómo funciona la vida. ¿Qué tipo de sociedad avanzada somos si no entendemos cómo hemos llegado hasta aquí? A menudo hay mucho ego en los científicos y ellos estaban bien encabezonados en su zoocentrismo. Y, claro, a nadie se le ocurría una solución, porque había que mirarlo con otros ojos: desde los ojos de la microbiología. Una disciplina reservada más a los médicos que a los biólogos evolutivos.

LA FRONTERA BIOLÓGICA. SOMOS DIFERENTES

Este problema era sin duda una de las cuestiones sin resolver de la teoría de Darwin. Resulta que en la Tierra hay dos tipos de células. Las sencillas (llamadas procariotas) y las complejas (llamadas eucariotas). No es que las procariotas sean peores, es solo que la complejidad celular es menor. De hecho, se podría decir que las procariotas (las bacterias, por ejemplo) son más exitosas evolutivamente que las eucariotas (protistas, plantas, hongos y animales) ya que en número de individuos, especies y masa total nos superan con creces. Son simplemente dos estrategias celulares diferentes. Veamos ambos tipos.

LAS CÉLULAS PROCARIOTAS

Las células procariotas son organismos unicelulares cuyo material genético (el **ADN**) se encuentra disperso por el citoplasma hecho un revoltijo (ordenado para ellos), pero sin almacenar dentro de ninguna estructura especializada. Pueden tener otras estructuras celulares como pared celular (además de la membrana celular), cilios y flagelos, que les ayudan a moverse. Su complejidad es alta si la comparas con la de algo sin vida, por supuesto. No queremos que creas que entender la vida procariota está siendo fácil para los científicos, ni mucho menos. Pero al ser seres más pequeños y siempre unicelulares, al compararlos con eucariotas sí parecen sencillos.

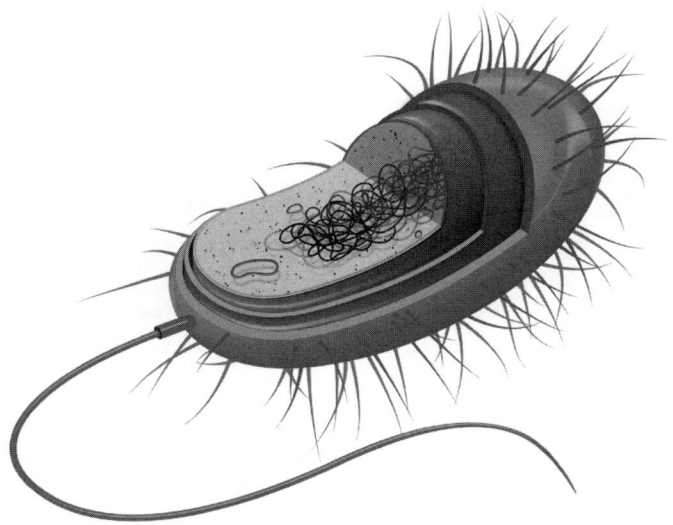

Figura 15. Una célula procariota. Consta de cilios, flagelo, pared celular, membrana celular y un citoplasma donde se encuentra su material genético.

LAS CÉLULAS EUCARIOTAS

Las células eucariotas, en cambio, tienen muchas estructuras celulares. La más importante de ellas es el núcleo celular. Es un compartimento donde se guarda el material genético. Una especie de caja fuerte para protección extra de lo que es más preciado para la célula. Además, hay otras estructuras con funciones muy específicas como la mitocondria (fábrica de energía de la célula), cloroplastos (el lugar donde se hace la fotosíntesis) y muchos más. Por otro lado, un organismo eucariota puede ser unicelular (amebas) o pluricelular (como tú). Algunos de estos orgánulos celulares tienen hasta su propio ADN.

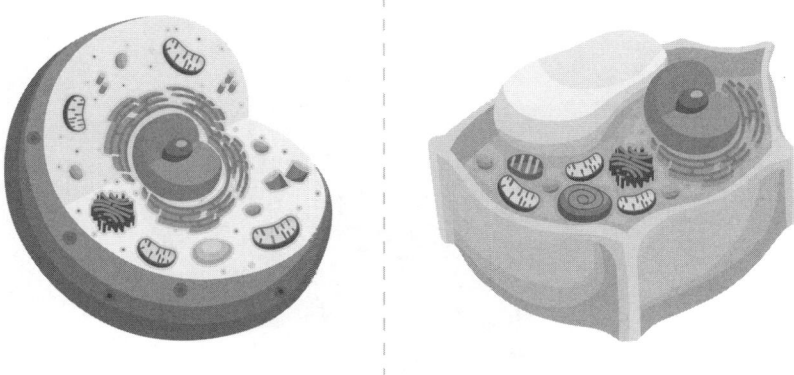

Figura 16. Células eucariotas animal (izquierda)
y vegetal (derecha).

LA OTRA GRAN PREGUNTA

Como leíste en el capítulo del origen de la vida, tenemos una hipótesis de cómo se pueden haber formado las células sencillas (que terminaría fácilmente siendo una protoprocariota). Pero a principios de los sesenta todavía no estaba nada claro cómo podían haber surgido las eucariotas a partir de las procariotas. El salto no era muy obvio y tampoco existen pasos intermedios con orgánulos a medio formar (y olvídate de buscar fósiles de eso). O eres procariota o eres eucariota. ¿Qué evento ocasionó el cambio hacia la complejidad?

Aquí entra una de nuestras científicas favoritas. Lynn Margulis. Esta bióloga estadounidense desarrolló una hipótesis para explicar este evento canon. Aunque no lo tuvo fácil. Tuvo que luchar mucho para que la comunidad científica la aceptase.

Margulis desarrolló una hipótesis loca que implicaba células fagocitándose unas a otras. Se llama la teoría endosimbiótica y es una de las ramas más importantes de la teoría de la evolución. Te la contamos. Imagina que eres una pequeña bacteria, como Caperucita Roja yendo a casa de tu abuelita por el mundo hace unos 1800 millones de años. Estás muy a gustito en tu charca y apenas hay nada que te preocupe. De repente aparece una célula lobo feroz que te pregunta a dónde vas, aunque al final lo que hace es comerte (o mejor dicho fagocitarte).

El problema de nuestro cuento es que no existe una célula cazador que te salve, así que te quedas atrapada en su interior: esa bacteria no es capaz de digerirte y te quedas ahí dentro para siempre. Pero no atrapada en modo encarcelada, sino simplemente ahí, existiendo. Así que decides actuar cual John McClane en la *Jungla de cristal* y tomas el control de la situación de esa célula.

Lo que terminará ocurriendo en esta saga de varias entregas es que la célula depredadora perderá su material genético y tú (con tu membrana celular incluida) te conviertes en el orgánulo principal de esa célula: el núcleo celular. Ahora es tu propio genoma el que vive dentro de esa célula y el que se divide y termina pasando a las siguientes generaciones.

Además, gracias a esto, esta nueva célula frankesteniana ha obtenido varias ventajas. Primero, esta membrana tiene dos capas: la más interna es tu membrana original, de aquel día que estabas vagando por tu charca, y la más externa, que resultó del proceso de fagocitosis por parte de esa célula depredadora, y que tiene una composición diferente a la tuya. Esto te permitirá variar los lípidos de esas membranas para ajustarlos a lo que necesitas según el punto evolutivo en el que te encuentres durante los siguientes millones de años. Que tu material genético esté protegido por un núcleo tiene grandes ventajas. La más importante de todas es que estarás más protegido de virus, que en ese momento estaban especializados en células procariotas. Los virus evolucionan muy rápido y pronto tendrán la capacidad de infectarte de nuevo, pero tendrás una ventaja inicial, una ventaja evolutiva temporal que te permitirá dividirte bastante para tener un número importante de individuos descendientes. Además, tener el genoma (la parte más importante de la célula) en un compartimento lo hace menos propenso a daños y rupturas, ya que está más protegido del exterior. Cuantas más capas separen tu ADN del exterior, mejor.

Igualmente, compartimentar las funciones en distintas zonas hace que todo sea más ordenado y puedas adquirir un nivel de complejidad mayor, ya que es todo más manejable. También es cierto que los científicos agradecemos esto, ya que estudiar la locura de una célula es más sencillo si podemos dividirlo en partes.

CUANDO EL RETO DE COMIDA SE TE INDIGESTA

Pero una célula eucariota actual no consta solamente de un núcleo celular. Tiene muchos orgánulos más. Y se cree que se obtuvieron de la misma manera: mediante una mala digestión de un tipo de células particulares tras unas segunda y tercera fagocitosis fallida. Vamos, que la célula depredadora de antes se puso a tragar todo lo que encontraba, pero no conseguía completar la digestión de ninguna de las pequeñas células que atrapaba. El caso de la mitocondria tuvo una gran importancia, ya que la bacteria engullida fue una bacteria aerobia (que consume oxígeno) y esto propició un metabolismo extremadamente eficiente. Por algo la mitocondria es conocida como la fábrica de energía de la célula. Un dato importante es que la mitocondria tampoco perdió su genoma, de hecho, tiene sus propios genes que se duplican de manera independiente a los del núcleo. Esto dio un nuevo empujón a la evolución de estas células más complejas. Al fusionarse varios organismos, hubo selección evolutiva de lo mejor de cada casa. Ya sabes, tener un plan B es mejor que jugártelo todo a una única carta.

El caso de los cloroplastos (el orgánulo que hace la fotosíntesis en las plantas) es similar. Se cree que esto ocurrió más tarde en la evolución, ya que no todas las células eucariotas tienen cloroplastos (pero todas tienen núcleo y mitocondrias). En este caso ocurrió la fagocitosis de una bacteria fotosintética. Son bacterias con capacidad de utilizar la luz y el CO_2 para producir su propia comida y liberar oxígeno. Esto tiene una importancia increíble en los ecosistemas acuáticos y en la modificación de los componentes de la atmósfera de la Tierra primigenia, oxigenaron la atmósfera hasta unos niveles que permitieron que la vida acabase siendo como es hoy. Estas bacterias fotosintéticas tampoco perdieron su ADN, al igual que ocurrió en los otros dos casos. El linaje de estas células terminaría siendo organismos tan complejos e importantes como las plantas.

Ambos, las mitocondrias y los cloroplastos, tienen la doble membrana que vimos en el núcleo. Sus membranas exteriores siempre son más similares a la membrana celular y las interiores a un linaje bacteriano antiguo, del que proceden. Ambos se dividen además de forma independiente al núcleo, como si fueran bacterias que simplemente viven ahí y están en simbiosis.

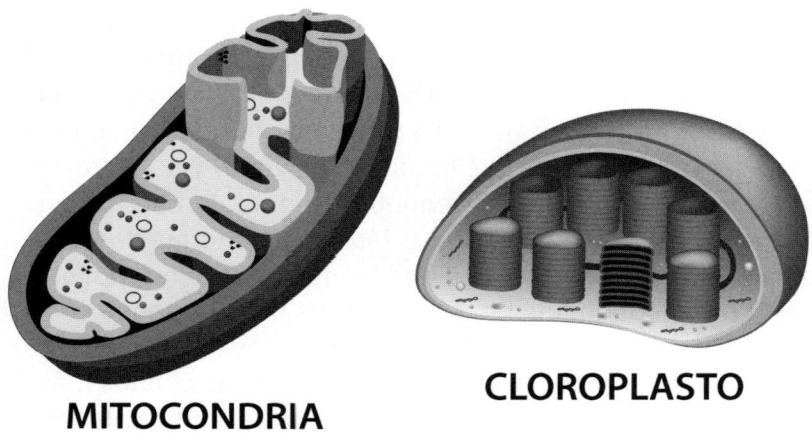

CLOROPLASTO

MITOCONDRIA

Figura 17. Representación de una mitocondria y un cloroplasto.

UNA HISTORIA CON FINAL FELIZ

La historia de Lynn Margulis es muy bonita de contar. Muchos científicos que intentan tumbar dogmas establecidos obtienen a cambio una lucha agónica contra la comunidad científica, pero esta tiene un final feliz. Recuerda que un dogma es una creencia que se tiene como algo indiscutible, así porque sí y porque siempre ha sido así. Si además ese cambio de dogma viene de una mujer, puede hacerse más difícil todavía, porque si en el presente ya hay barreras imagínate en los años sesenta. Sin duda, a Margulis le gustaba pasarse el juego en nivel muy difícil y con una mano atada a la espalda. Y aunque tenía el apoyo de varios compañeros importantes, no conseguía ni siquiera publicar uno de sus primeros artículos sobre este tema, y eso que llamó a las puertas de hasta quince revistas científicas. Pero el trabajo de un científico es 30 % pensar, 20 % experimentar y 50 % papeleos. Si además a este papeleo le juntas el rechazo de la publicación de tus avances, puede que acabes tirando la toalla. Pero Margulis era como un marine espacial de la ciencia, una voluntad imparable que no conocía el miedo y lucharía hasta el final por su victoria.

Así que tras esos quince intentos, Margulis publicó finalmente en 1967 «Origin of Mitosing Cells» en la revista *Journal of Theoretical Biology*. Esto no era aún su gran teoría endosimbiótica, esta tardaría todavía en llegar, pero al menos fue un empujoncito de ilusión. Y menos mal, porque si no quizás seguiríamos en pleno siglo XXI sin una teoría que explicase el tema. Tras trabajar durante años en sus ideas y analizando y leyendo todo tipo de estudios en bacteriología y haciendo sus propios experimentos, finalmente publicó su teoría en un libro, apoyada por la universidad de Yale en 1971. Puedes encontrar una primera edición de *Origin of Eukaryotic cells* en Amazon por el módico precio de 1093,29 € más gastos de envío (de 52€). O puedes buscar una edición más reciente en alguna biblioteca de tu Facultad de Biología más cercana. Lo que te venga mejor este mes.

La razón de que les costase tantos años aceptar esta teoría es que entonces todo se basaba en la selección natural darwiniana y la herencia genética mendeliana que te hemos contado en los capítulos anteriores. Y en un mundo en el que la competitividad (de individuos o de genes) era la manera de explicar todo, un mundo de cooperación y simbiosis sonaba realmente chocante. Era un poco la masculinidad tóxica (representada por la competencia atroz de la selección natural darwiniana) versus un punto de vista más armonioso y no violento (representado por la cooperación y la simbiosis de la teoría endosimbiótica de Margulis). El desprecio de la comunidad estaba asegurado, pero Margulis sabía lo que decía. Y si algo sabemos de la biología es que nada ocurre de una única manera y que no todo se soluciona siendo el más fuerte. La evolución lleva ocurriendo unos 4000 millones de años. Es normal que varios mecanismos nos hayan traído hasta donde estamos. Y el propio tiempo e investigaciones posteriores no han hecho más que reafirmar cómo dio en la diana con su teoría endosimbiótica.

Lynn Margulis nos ha dado explicaciones para una de las mayores incógnitas que tenía la humanidad sobre su origen, aunque si hablamos de células, a lo mejor habría que decir la «celularidad», ¿no? Lo importante es que reconozcamos su labor y la incluyamos en la lista de grandes mentes de la teoría evolutiva.

UNA HIPÓTESIS QUE ABRE MUCHAS PUERTAS: ORGANISMOS MULTICELULARES

Una de las mayores incógnitas de la evolución es la aparición de seres vivos multicelulares. Tenemos hipótesis que explican cómo podría haber surgido la primera célula, hipótesis de cómo una célula procariota se convierte en eucariota. Pero no hay muchas explicaciones a cómo varias células eucariotas se unen para formar un organismo multicelular. Tuvo que haber una razón y esta asociación de varias células tuvo que suponer una ventaja evolutiva. No teníamos nada. Hasta ahora. Pero antes, un poco de contexto.

Sabemos que los primeros fósiles de organismos complejos tipo animales datan de hace entre 717 y 660 millones de años. Hablamos de 700 millones de años para entendernos mejor. Lo interesante es que surgen relativamente rápido. Si vamos cavando más profundo, no vamos encontrando unos pocos, y luego otros pocos, sino que parece que aparecen de golpe. Esto podría ser un indicador de que en esta época ocurrió una especie de *baby boom* de organismos multicelulares. Esto es extremadamente interesante, pero hay algo todavía más loco.

Sabemos que durante esa época (alrededor de hace 700 Ma) ocurre algo brutal en el clima de la Tierra. Una época glaciar tan fuerte que los científicos la denominan «Tierra bola de nieve». Incluso las latitudes más cálidas sufrieron un fuerte clima frío que cambió todo el medio en el que los microorganismos de entonces vivían. ¿Cómo es posible que el momento de nacimiento y explosión de la pluricelularidad haya coincidido con una de las épocas más frías de la Tierra, cuando supuestamente más difícil era sobrevivir?

Tres recientes estudios pueden haber encontrado la solución a esta aparente paradoja, y es una de las cosas más bonitas que hemos visto en biología en los últimos años. Es tan reciente que uno de los tres estudios al respecto aún no está publicado oficialmente, pero se puede acceder al *preprint* mientras escribimos estas líneas. Además, no ha sido estudiado por muchos investigadores todavía, por lo que son datos muy preliminares, pero creemos que es una idea lo suficientemente interesante como para merecerse unos párrafos en este libro y, quién sabe, puede que se convierta en la hipótesis principal para esta cuestión en los próximos años (o no).

Unos investigadores de la Universidad de Colorado (el grupo de investigación de C. Simpson) unieron las dos pistas que tenemos sobre el origen de la pluricelularidad y resulta que encontraron un *link* entre la Tierra bola de nieve y células pluricelulares: cuando el agua salada se enfría aumenta su viscosidad. Esto ocurre porque al bajar la temperatura, se reduce la solubilidad de las sales que contiene y, por tanto, están más cerca de la saturación, aumentando así la viscosidad.

Así pues, para una célula que vaga solita, nadar por esa agua se vuelve mucho más agotador. Estos científicos se preguntaron qué ocurriría con un microorganismo que de repente tiene que moverse en un medio más viscoso. Utilizaron unas algas unicelulares para comprobarlo y observaron cómo estos organismos se apiñaban entre ellos una vez dentro del medio viscoso. Lo que ocurre es que estas células suelen alimentarse por difusión y la velocidad a la que nadan es esencial para obtener sus nutrientes. De esta manera no reducían su velocidad ni la cantidad de comida que obtenían (las algas son fotosintéticas y utilizan la luz solar, pero aun así, necesitan obtener otros nutrientes por difusión, como el fósforo).

Los organismos más grandes no suelen presentar más problemas cuando la viscosidad aumenta muy poquito, ya que debido a su tamaño, estas nuevas condiciones son insignificantes a efectos prácticos. Sabiendo esto, la estrategia evolutiva de agruparse y trabajar en grupo sería extremadamente ventajosa en un medio así para los organismos más pequeños, como serían los unicelulares que vagaban entonces por las aguas de nuestro planeta, ya que al agruparse aumentarían su tamaño y la viscosidad extra no les supondría ningún problema.

Estos grupos de algas no se formaban hasta pasados 30 días de vivir en el medio viscoso y no lo hacían todas las células, pero sí algunas. Encontraron asociaciones de hasta 100 células, pero se centraron en estudiar las más pequeñas, entre 4 y 16 células, y observaron que movían sus flagelos en coordinación. Los de delante no movían el flagelo, mientras que los de atrás sí. Esto tiene sentido, si todos mueven su flagelo, unas fuerzas anulan a otras y nadie avanza hacia ningún lado. Resultó que los grupos de células nadaban a la misma velocidad que nada una única célula en medio no viscoso. Por lo que la hipótesis principal está centrada en la velocidad de movimiento.

Algo también muy interesante es que cuando pasaron las agrupaciones de algas al medio no viscoso de nuevo, tardaron al menos 100 generaciones en volver al modo unicelular.

Como hemos comentado, aún habría que buscar más microorganismos que tuvieran un comportamiento similar y que lo hagan otros laboratorios independientes, pero sin duda es una hipótesis a tener en cuenta. Algo que debemos recordar siempre, es que estos eventos ocurrieron hace tantísimo tiempo que jamás sabremos si nuestras hipótesis son correctas. Solo nos queda seguir pensando y experimentando y proponer modelos de cómo surge la vida, o al menos la vida compleja. Pero nunca podremos decir esto pasó ASÍ.

7. ¿CORRIGIENDO A DARWIN?: EL NEODARWINISMO

En capítulos anteriores hemos hablado de cromosomas, de endosimbiosis, de ejemplos particulares y mucho más, pero nos gustaría dedicar un capítulo a ciertos eventos que ocurren en poblaciones que tienen reproducción sexual. Porque no estamos hablando solo de dividir una célula, sino que además hay que fusionar dos gametos (los cuales tienen la mitad de cromosomas que una célula normal) para dar lugar a un embrión con un nuevo material mezclado de ambos progenitores. Y además hay otros factores en juego, como la elección de pareja u otros comportamientos.

Obviamente, esto complica mucho las cosas para entender los procesos de evolución. Es sencillo pensar que de 100 bacterias con diferentes características, las que más se dividan, más extenderán sus genes. Pero para organismos con reproducción sexual, existe la posibilidad de no transferir tus genes «buenos» a la siguiente generación, ya que solo pasas la mitad. Te la estás jugando al 50 % con cada descendiente, pues nuestros genes van a pares, así que puede tocarle el gen A o el gen B.

Si recuerdas el capítulo de genética mendeliana, puedes tener un gen AA, ahí daría igual porque tu descendiente siempre recibiría el A. Pero no todo tu genoma es homocigótico, así que pueden pasar a tu descendencia genes A o genes B. Es como tirar una moneda a cara o cruz, si solo tienes un descendiente, es decir, solo lanzas una vez la moneda, solo podrás tener uno de los dos resultados. La solución para obtener el resultado que quieres es tirar muchas veces la moneda, o lo que es lo mismo, cuanto más se reproduzca un individuo, más probabilidades tendrá de pasar esos genes, pero igualmente estamos ante reglas más complicadas.

LA MUERTE APARECE EN EL CALENDARIO DE LA VIDA

Para las bacterias (y otros seres sencillos como arqueas), la muerte no es inevitable. Si se protege a una bacteria de los depredadores y se le proporciona alimento y espacio adecuados para crecer, seguirá viviendo y reproduciéndose asexualmente para siempre. ¡Son teóricamente inmortales! Esto ocurre porque al reproducirse (de manera asexual), cada célula hija puede volver a reproducirse de manera indefinida sin envejecer. Son todas igual de jóvenes y tersas.

Pero para el resto de los individuos podemos decir que la muerte es en realidad el precio a pagar por la reproducción sexual. Muerte por kiki (más o menos). Efectivamente, antes de que existiera la reproducción sexual, todos los seres vivos de la Tierra eran virtualmente inmortales. Sin embargo, los seres pluricelulares o con reproducción sexual han tenido que evolucionar para especializarse en diferentes funciones dentro del propio organismo.

Una bacteria tiene todo lo que necesita en una única célula, pero nosotros tenemos diferentes sistemas como el circulatorio, digestivo, reproductor... Y cada uno hace lo que tiene que hacer, pero no otra cosa. Es imposible respirar con el hígado, al menos nosotros no lo hemos conseguido. De esta manera, la evolución ha «aprendido» que lo importante es pasar la información a la siguiente generación (porque es lo que hace la evolución, preservar solo lo que pasa hacia el futuro). Ocurre que el resto de los sistemas y las células de nuestro cuerpo no importan (a escala de tiempo evolutiva) y por lo tanto aparece la vejez y la muerte en la evolución.

Da igual que sigas vivo con 200 años. Si ya te has reproducido, tú ya has cumplido con tu existencia, al menos en el concepto de perpetuar la especie. Mientras haya nuevas generaciones, el gasto de energía para mantenernos vivos no merece la pena (o esa creemos que es la principal razón).

Por cierto, en selección natural, no reproducirse es tan relevante como sí hacerlo; si en tu tiempo no lo has hecho, la selección natural actúa igualmente, solo que selecciona otros genes que no son los tuyos. No es malo no reproducirse, es parte de la naturaleza. Si todos los individuos se reprodujeran por igual, todas las especies serían bastante estáticas y no avanzarían hacia ninguna parte (o al menos no muy rápido y en una dirección adecuada). Por otro lado, los humanos somos lo bastante complejos como para que reproducirnos no sea nuestro único objetivo vital. Tenemos cosas más importantes, como pagar una hipoteca.

Pero volvamos al tema de la reproducción sexual y la mortalidad. Es interesante, porque uno podría pensar que cuanto más tiempo vivamos, más hijos tendremos (porque nuestro periodo reproductivo también se alargaría). ¿No era eso lo que se pretendía hacer con la selección natural? ¿No sería lo óptimo para una especie determinada ser más longeva y reproducirse, por tanto, durante más tiempo? Pues parece ser que esto no es lo más eficiente evolutivamente. Si nuestro ambiente cambia muy rápido, mantenerte vivo con unos genes que no puedes cambiar es una estrategia muy estúpida. En cuestión de unos pocos años esos genes no estarán bien adaptados y morirás igualmente, habiendo dejado una descendencia que solo procede de una misma generación, y no de varias que van mejorando cada vez más.

Ahora que hemos hablado de reproducción sexual, podemos intentar explicar qué otros mecanismos mueven realmente los genes entre poblaciones de organismos pluricelulares como podrían ser las plantas o los animales, algo con lo que estamos mucho más familiarizados y es más fácil de entender.

LA VELADA DEL AÑO ORIGINAL: SELECCIÓN NATURAL VS. HERENCIA MENDELIANA

Una vez vistos los principios de Darwin y Mendel seguro que ya entiendes los principales puntos de la teoría de la evolución, pero no te hemos dado todos los detalles. Lo curioso es que a pesar de ser ideas que se apoyan mutuamente, a los científicos de entonces les costaba ver cómo estas dos ideas encajaban juntas. ¿Cómo es posible que la mezcla de distintos caracteres y a la vez la selección natural actúen para seleccionar la siguiente generación? Parecían ideas contrarias más que complementarias. «O se hereda el color dominante, o se selecciona el color más adaptado», decían. Ahora nos parece muy obvio porque sabemos cómo funcionan los genes en detalle y también que la selección natural ocurre después de eso, pero en su momento les costó unir estos dos conceptos bajo el mismo paraguas.

El darwinismo se queda demasiado en la superficie como para explicar muchas cosas. Por eso, a principios del siglo XX varios científicos y pensadores empezaron a aportar nuevas secciones a la idea de Darwin para intentar completar el puzle de la evolución. Una de las más conocidas es el equilibrio Hardy-Weinberg, el nombre viene de los señores que describieron este principio en 1908.

Vamos a verlo con un ejemplo: imagina un gen específico para una población. Volvamos a los ojos morados de los gamusinos. Como contamos en episodios anteriores, la frecuencia de este alelo morado es de un 25 % para esa población. Si esta frecuencia no cambia, se dice que ese gen está en equilibrio Hardy-Weinberg, porque generación tras generación no se producirán cambios en este porcentaje.

Estos científicos que propusieron la teoría, dedujeron que para que ocurra el equilibrio, las cosas no deben cambiar para los gamusinos:

— No pueden ocurrir mutaciones, lo cual es muy difícil.

— Debería ser un apareamiento 100 % aleatorio. Imagina que te toca reproducirte con alguien que odias.

— No existe la migración. ¡Sí, claro! Como que las especies van a quedarse quietas en un solo lugar.

— Necesitaríamos tener una población infinita o muy grande para que las estadísticas funcionen. Todo lo que implica conceptos como «infinito» no suelen ser muy realistas.

— Y tampoco podría existir la selección natural. Esto ya es pasarse de la raya.

Vamos, que es IMPOSIBLE que en una población del mundo real ocurra esto para todos sus genes. Siempre va a haber, aunque sea, un poquito de evolución. Por supuesto, algunas tendrán más cambios que otras en el mismo periodo de tiempo, pero el cambio en nuestro genoma, como especie, es algo que no podemos frenar.

Todos estos supuestos están definidos por fórmulas matemáticas, pero la verdad, creemos que las fórmulas no es la razón por la que estás leyendo este libro. Así que vamos a la parte *light* de la genética de poblaciones.

Entonces, ¿hay más mecanismos de evolución que no son la selección natural? Sí, aunque la selección natural es la más conocida, hay muchos más mecanismos que son tremendamente interesantes. Vayamos punto por punto.

MUTACIÓN

Este es uno que ya conoces. Cuando las células se dividen, cometen errores que pueden pasar a la siguiente generación si no se corrigen. Si se producen cambios en el genoma de una característica y esta cambia, entonces tendremos un cambio en ese equilibrio. Estos cambios también pueden ser causados por un agente mutágeno, como, por ejemplo, radiación, químicos o incluso por un virus.

Hemos visto ya muchos ejemplos de esto. Y para nosotros, la mutación es la manera más cruel y efectiva en que la evolución teje su tela. Una mutación puede ser buena, mala o neutral. Pero esta ruleta es lo que hace que hayan salido formas evolutivas tan locas en la Tierra. Una evolución no azarosa mediante nuevas mutaciones jamás formaría un animal como por ejemplo la rata topo desnuda pudiendo hacerlo más bonito. Obtuvieron los genes «malos» para la belleza exterior, pero, sin embargo, les tocó la lotería genética en cuanto a la capacidad de no sufrir cáncer (nota: nos encantan las ratas topo desnudas).

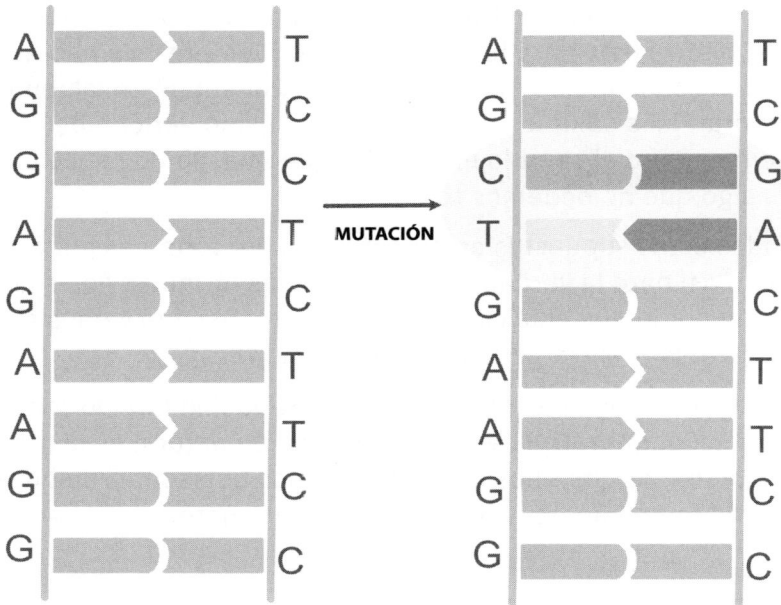

Figura 18. Mutación del ADN por cambio de bases nitrogenadas.

RECOMBINACIÓN

En organismos con reproducción sexual, el organismo hijo recibe la mitad de material genético de cada uno de sus progenitores, pero si piensas en tus hermanos o hermanas, no sois idénticos, sino que cada uno habéis heredado mitades diferentes de vuestros padres (si eres hijo único, haz un esfuerzo con tu imaginación). Puede que uno de vosotros se parezca algo a la abuela materna mientras que el otro no tenga apenas rasgos de ella. Pero a su vez, en algo os parecéis, porque algunos rasgos sí que compartís. Esto ocurre porque los cromosomas sufren un proceso de recombinación genética. Antes de producirse los gametos (óvulos y espermatozoides), los cromosomas del progenitor se barajan para mezclar todos los genes de sus cromosomas y que salgan muchísimas variantes diferentes con mitades variables. Por eso no eres un clon de tu hermano o hermana.

Para que se entienda, vamos a poner un ejemplo con una baraja de cartas. Imagina que tus genes son cartas de una baraja, una baraja francesa.

Los genes y cromosomas que heredaste de tu padre serían los palos rojos (corazones y diamantes), mientras que los de tu madre tenían los negros (tréboles y picas). Si ellos quieren tener un hijo, es necesario que cada uno cree gametos (óvulos o espermatozoides). Para ello, su material genético debe dividirse a la mitad. La cosa es que no se separan a la perfección, no hay gametos con solo tréboles o diamantes. En verdad lo que ocurre es que se barajan (recombinan) para que cada gameto tenga una mezcla de corazones y diamantes (espermatozoides) y una mezcla de tréboles y picas (óvulos). Y siempre que se creen nuevos gametos se barajarán de nuevo.

Llegado el momento, estos gametos se fusionarán y el hijo obtendrá una mezcla de los cuatro palos de la baraja en proporciones diferentes. La aleatoriedad ahí es total, y puede cambiar muchísimo entre cada hijo que vayan teniendo.

Ahora pon que esos hijos que tienen una mezcla tan variada se reproducen con otros individuos que también tienen las cartas de su genoma mezcladas. El resultado final es un popurrí absoluto de cartas, con posibilidades buenas como un póker de ases o una chufa como pareja de doses.

De esta manera, en la reproducción sexual añadimos una nueva capa de aleatoriedad que va a determinar qué genes te tocan. En este caso no son genes nuevos, sino que pertenecen a los antecesores de tu familia, pero igualmente hay un factor de azar en este proceso.

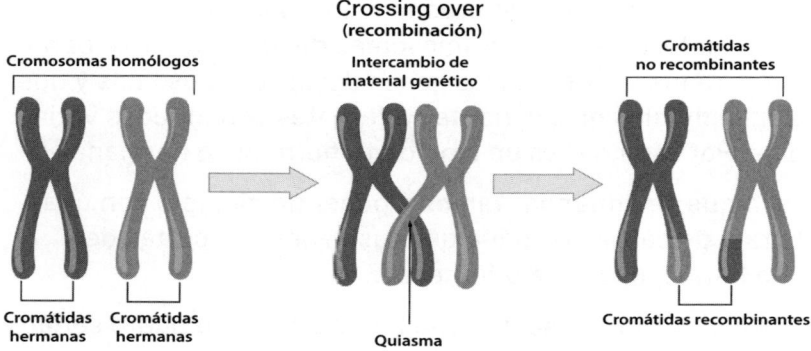

Figura 19. Representación de un evento de recombinación de cromosomas para generar gametos.

DUPLICACIÓN, FUSIÓN Y DIVISIÓN DE CROMOSOMAS

Una de las cosas que más sorprende a la gente cuando aprende biología es que durante la evolución ha habido muchos procesos de cambios en los números y tamaños de los cromosomas. Es algo raro, pero definitivamente ocurre. Es lógico porque las especies no tenemos todas el mismo número de cromosomas. Durante el mismo proceso de formación de los gametos, pueden ocurrir errores. Antes de dividirse, la célula tiene que duplicar su material genético y después ordenarlo bien para llevar la mitad a cada célula hija. En el caso de formación de gametos hay una segunda división sin duplicación genómica para asegurar que cada gameto recibe solo la mitad de la información genética y poder así formar un embrión al ocurrir después la fecundación. Pues es durante estas divisiones cuando pueden ocurrir duplicaciones extra de cromosomas, fusiones de dos cromosomas para formar uno más grande o incluso que alguno se parta por donde no debe y queden dos más pequeños.

Es raro que esto sea viable, pues estos eventos suelen ser incompatibles con la vida, pero en ciertas ocasiones ocurre y la descendencia puede sobrevivir e incluso ser mejor que la original (aunque es extremadamente poco común). Si ocurre por ejemplo una fusión de dos cromosomas, ese individuo tendrá un cromosoma menos y a la hora de reproducirse tendrá bastantes problemas de fertilidad, ya que los cromosomas van en pares y para formar un embrión habrá ciertos impedimentos. En uno de nuestros interludios te contaremos un caso de fusión de cromosomas que supuso que los humanos seamos lo que somos hoy.

También pueden ocurrir hibridaciones entre especies que son parecidas entre sí pero que ya llevan unos años siguiendo distintos caminos evolutivos. Hay un ejemplo muy curioso de esto: durante el año 2023, llegó por un atropello a un veterinario de Brasil un animal un tanto extraño. Parecía un perrito adorable, pero tenía algunos comportamientos raros y no ladraba, sino que emitía una especie de sonido agudo. Para sorpresa de todos, podía trepar a los árboles. Resultó que, al hacerle el análisis genético, era una hembra de híbrido entre perro (*Canis lupus familiaris*) y zorro de las pampas (*Lycalopex gymnocercus*). Estas especies se habían separado hace unos 8 millones de años. Pero este espécimen tenía genes de ambas especies y el número de cromosomas era intermedio. Los perros tienen 78 cromosomas y los zorros 74. Pues este híbrido tenía 76 cromosomas. Al final se descubrió que este híbrido era el resultado de una noche de pasión entre una hembra de zorro y un macho de perro.

Este tipo de hibridaciones ocurren cuando una de las dos especies está en disminución del número de individuos por presiones varias, como la presencia de humanos (y en este caso eso supuso la presencia de perros en su hábitat). Lo normal es que estos híbridos no sean fértiles, pero siempre hay excepciones. En este caso, tristemente el animalito falleció y no se pudo comprobar su fertilidad. Pero sabemos que hay casos en los que ha ocurrido. Como los híbridos *Homo sapiens*-neandertal, que han sobrevivido hasta hoy y sus genes siguen presentes en las poblaciones humanas europeas actuales. Ocurrió cuando los humanos llegaron al hábitat de los neandertales cuando estos estaban ya bajo mínimos en número, hace unos 40 000 años. O el caso de los osos de las cavernas, que antes de extinguirse hace 25 000 años, hibridaron con los osos pardos (mucho más pequeños que ellos) que estaban empezando a poblar Europa, y sus genes también han llegado hasta hoy.

DERIVA GENÉTICA

La deriva genética es un proceso evolutivo que no es muy intuitivo, al contrario de la selección natural, que es algo fácil de entender. La deriva genética lo que hace es variar los caracteres de una población de manera aleatoria. No porque estén mejor adaptados, sino por simple azar, ya sea por poblaciones con números muy pequeños de individuos o por casualidades a la hora de formarse los gametos. Como hemos explicado, los genes de los gametos se eligen barajando los cromosomas. Puede que haya genes que no son necesariamente los mejores, pero que se han heredado en una baraja junto a otros más relevantes, y son seleccionados simplemente por estar cerca de los buenos.

Imagina que una versión «mala» de un gen (digamos un problema de espalda) está muy muy muy cerca en el genoma de una versión buena de otro gen (por ejemplo, una proteína que te protege de la radiación solar intensa, melanina). A la hora de barajar las cartas de los cromosomas, estas dos versiones van siempre juntas. Es muy raro que se separen. Si en una zona del planeta hace mucho sol, el gen de la melanina va a ser seleccionado muy fuertemente, ya que no tenerlo ocasiona quemaduras graves y cáncer de piel y por tanto una gran mortalidad. Pues como estos dos genes se heredan juntos, el problema de espalda será seleccionado aunque no sea la mejor versión (existe otra versión sin problemas de espalda, pero por casualidad no ha salido unida a la melanina en la baraja). Y tendremos así una población con alta prevalencia de un alelo negativo, donde los fisioterapeutas sabrán sacar buena tajada de la genética, pero con individuos bien protegidos frente a la radiación UV.

Este efecto se ve potenciado cuando las poblaciones están bajo mínimos. En poblaciones que tienen pocos individuos, será muy fácil que un alelo poco frecuente aumente su frecuencia relativamente rápido. Y es todo debido al azar. Ocurre más fácilmente si en este grupo pequeño de individuos se da la casualidad de que un alelo poco frecuente se ve representado más de lo que tocaría para esa población. Veámoslo con un ejemplo. Si una población de gamusinos es grande, el porcentaje del alelo de ojos morados será de un 25 %. Pero si ocurre un evento catastrófico en una zona que se lleva por delante a bastantes gamusinos y por casualidad, de los pocos que quedan, se da un 45 % de ojos morados…, puede que ese color de ojos se incremente en las siguientes generaciones de manera «artificial». No es debido a que el color morado sea mejor que el marrón, es simplemente que partimos de un porcentaje mayor de lo habitual, y al ser tan poquitos gamusinos, los que más se reproducen no lo hacen por esta característica, sino quizás por otra y los ojos pasan a un segundo plano.

La deriva genética puede ser la razón por la que características poco comunes se hagan extremadamente frecuentes y viceversa. Es importante que entendamos que incluso en poblaciones grandes puede darse este efecto y que no todo va a estar explicado por la lógica aplastante de la selección natural, sino que a veces las cosas simplemente ocurren y un carácter poco frecuente o no muy positivo puede llegar a ser muy común en una población.

MIGRACIÓN

El concepto de migración se explica por sí solo. Si ocurren migraciones masivas, tanto la población que se queda como la que recibe estas migraciones va a ver alterado el porcentaje de algunos de sus alelos. Es natural. Al migrar, una población que está adaptada a un ambiente particular lo cambia de golpe, por lo tanto, va a tener unos genes ligeramente diferentes a los de la población que la recibe. O si no los recibe nadie de su misma especie, puede que hayan migrado unos individuos en particular y, en consecuencia, los porcentajes cambien en la nueva población respecto a la original.

En el caso de que sí se integren en una población ya existente, esto puede ser algo positivo para ambas poblaciones. Ya hemos visto que tener muy poca variabilidad genética podría ser un problema y que tener distintas opciones va a facilitar que se seleccione la mejor de todas ellas o que se encuentre un equilibrio en caso de necesidad. Las migraciones son un proceso natural en un mundo cambiante como en el que vivimos.

La migración es algo bastante complejo, porque tú rápidamente coges un avión o un tren y te puedes instalar en la otra punta del mundo. Pero tienes que pensar que no todos los animales migran igual de rápido. Unas aves pueden atravesar Europa en cuestión de semanas, pero si hablamos de criaturas sésiles como plantas, hongos o incluso animales como los percebes, su movimiento está mucho más limitado.

Y si además te reproduces muy rápido, puede que esa migración conlleve varias generaciones, siendo casi un éxodo más que una migración.

También ocurren porque vivimos en un planeta con espacio y recursos finitos. Si estos nunca fueran un problema, la evolución actuaría de manera muy diferente. La competición por estos recursos, o incluso por la reproducción, dejaría de ser el motor de la evolución. Pero no existe un planeta en el que los recursos sean infinitos. Por lo que seguiremos observando migraciones en las poblaciones de los animales, e incluso de las plantas, que pueden ir poco a poco llegando a nuevos territorios a base de extender sus semillas.

SELECCIÓN ARTIFICIAL

La selección artificial es una manera que tenemos los humanos de seleccionar unos alelos que de manera natural no se habrían elegido como los más aptos. Así hemos sido capaces de crear nuevas especies de esta manera. El ejemplo más claro son los perros. A raíz de cruzar a los lobos con las características más deseables para nosotros, hemos hecho a nuestros inseparables amigos. La selección artificial puede cambiar poblaciones muy rápido. En el caso de los perros, se puede observar como razas como los chihuahuas han cambiado la forma de sus hocicos en los últimos veinte años. Antes eran perros pequeños con el hocico alargado, pero ahora se llevan con un hocico un poco más corto (chatos). El problema de la selección artificial es que a veces el capricho de los humanos puede hacer que las especies afectadas sufran las consecuencias. Las razas de perro con los hocicos cortos (llamados braquicéfalos) como el carlino o el bulldog, sufren mucho de problemas respiratorios que pueden hacer que su vida sea más dura que la de cualquier otro perro. Además, su esperanza de vida es menor, de unos 9 años en el caso de los carlinos o pug y de unos 12 años para un perro de un tamaño similar sin la característica del hocico corto.

La selección artificial nos ha permitido también tener los alimentos que tenemos hoy día. Desde el momento en que los humanos descubrimos que podíamos plantar las semillas y obtener comida cerca de nuestros asentamientos, en vez de ir a recolectar a kilómetros y kilómetros de nuestro hogar, empezamos a seleccionar las semillas de manera inconsciente. Al final, las plantas que dan los frutos que más te gustan son las semillas que vas a plantar para la siguiente temporada, mejorando así el género año tras año.

Lo mismo ocurrió con la ganadería. Fuimos cruzando a los individuos que mejores características tenían y así fuimos forzando qué alelos pasaban a la siguiente generación.

Pero hay otros ejemplos mucho menos conocidos en los que los humanos estamos cambiando especies, incluso sin querer. Este que vamos a contarte puede ser discutido como selección natural o como selección artificial. Te lo explicamos y puedes reflexionar sobre ello. No hay una respuesta correcta, pero pocas cosas en biología tienen una respuesta absoluta, lo interesante es analizar los fenómenos y aprender.

Bueno, pues resulta que los expertos que trabajan con elefantes africanos en reservas protegidas llevaban años avisándonos de un fenómeno provocado por los humanos. Esto ha sido además demostrado en un estudio reciente: tristemente, debido a la caza ilegal de elefantes africanos, estos están empezando a nacer más a menudo sin colmillos, en particular las hembras. El gen para la presencia o ausencia de colmillos se encuentra en el cromosoma X, y es una característica letal para los machos, por lo que se hereda de madres a hijas.

Los elefantes tienen ventajas evolutivas por tener colmillos: les ayuda a proteger al grupo, a defenderse a sí mismos y a sus crías, sirven para proteger la trompa del elefante, mover y levantar objetos pesados, recoger comida, cavar para encontrar agua o quitar la corteza de los árboles. Como te puedes imaginar, los colmillos han sido seleccionados durante miles de años y, por tanto, no tenerlos deja a las elefantas más desprotegidas. Pues debido a la caza ilegal de estos animales en todo el continente africano para obtener el marfil de estos colmillos, la selección natural de esta característica ha dejado de actuar y ha cambiado completamente la dirección. Ahora tener colmillos no solo no les hace sobrevivir más, sino que les hace tener una mayor mortalidad (ocasionada por los humanos). De esta manera, año a año, los cazadores furtivos han ido reduciendo las poblaciones de elefantes, eliminando los que tenían colmillos más grandes y dejando vivos a los que no tenían colmillos. Es raro ver un elefante sin colmillos, pero si alguno nace sin ellos, no será cazado y por tanto podrá sobrevivir más que los que tienen colmillos y así ir aumentando en número generación tras generación. Esto está ocasionando un cambio en la población respecto a los colmillos con las consecuencias que esto trae para el grupo de elefantes, pero también se está viendo un problema con el número de individuos en general y de machos en particular, ya que nacen menos. Por lo que la ausencia de machos con el paso del tiempo puede derivar en poner en peligro de extinción a esta especie.

Algunos científicos argumentan que es selección natural debido a que los cazadores furtivos no están seleccionando de manera consciente qué elefantes se cruzan, sino que cazan unos con unas características particulares. Igual que un león que caza a las gacelas más lentas, el depredador no elige que la siguiente generación será más rápida, ya que son las únicas gacelas que quedarán para reproducirse porque evitaron ser cazadas. Sin embargo, aunque los leones pueden hacer gacelas más veloces, no lo hacen tan rápido como lo estamos haciendo nosotros. Además, los humanos estamos seleccionando a los animales peor adaptados a su medio, que es lo contrario que hacen los leones. También tenemos que tener en cuenta las armas que usan los cazadores. Un elefante no tiene mucho que hacer ante un grupo de humanos con coches, rifles de caza y cámaras con visión nocturna. Por no hablar de la razón por la que los elefantes son cazados. Es por una razón tan aleatoria como el marfil de sus colmillos, algo que nunca sería una razón para cazar a ningún animal en una red trófica natural. Ya que el valor de los colmillos es artificial generado por los propios humanos, que lo consideramos un material de lujo. Por estas razones, algunos expertos hablan de selección artificial, ya que se considera que no orientamos a la especie a mejorar su supervivencia sino todo lo contrario. ¿Tú qué opinas?

SELECCIÓN SEXUAL

Por último, y no por ello menos importante, tenemos que hablar de la selección sexual. Este es un tipo de selección algo diferente a lo que estamos acostumbrados, porque más allá de modificar a una población en general, lo que ocasiona es una diferencia entre los machos y las hembras. El ejemplo más claro son las aves de colores, como los pavos reales. Estos animales suelen tener machos muy llamativos con plumas en su cola formando un abanico muy vistoso y bonito, mientras que las hembras son más bien neutrales. Podríamos decir que son unas pavi-sosas, ja, ja, ja, ja…, ja, ja… No, perdón, no queríamos hacer un chiste tan malo para cerrar el capítulo. En serio, podemos hacerlo mejor.

Para concluir, te diremos que esto ocurre porque hay una selección sexual donde las hembras eligen pareja en torno a unos caracteres particulares. En este caso, un plumaje colorido que podría significar abundancia de alimento, salud en general y más cosas, pero en otras especies podrían seleccionarse otras características. Estas características no tienen por qué significar que ese individuo sea necesariamente la mejor opción. Muchas veces son factores aleatorios.

Pero, por otro lado, otras veces se suelen seleccionar lo que llamamos caracteres sexuales secundarios. Estos caracteres pueden parecer muchas veces superficiales. Si te pones a ver las maneras en que muchas aves cortejan a las hembras o compiten por ellas te replanteas si esto es un reflejo de su eficacia sobreviviendo. Puedes buscar en YouTube la danza del ave del paraíso, no tiene desperdicio. Pero como decimos siempre, si la especie sigue adelante, es que algo estará haciendo bien. Tú por si acaso cuando busques pareja, no te quedes solo en lo superficial.

DARWINISMO, LA ÚLTIMA VERSIÓN

Como puedes ver, estas son algunas maneras en que ocurre la evolución. No todo es la selección natural, sino que hay muchos más mecanismos implicados. En este capítulo hemos visto cómo los genes también juegan un papel en la evolución. Hemos entendido como Darwin, Mendel y todos los demás trabajaron en conjunto para explicar cómo será la siguiente generación. Todos estos conceptos se han introducido dentro de la teoría de la evolución aceptada hoy día llamada neodarwinismo (nuevo darwinismo), en la que todos los conceptos funcionan a la vez, están interconectados y se influencian unos a otros. El neodarwinismo introduce la genética en el juego. Hay más mecanismos que se incluyen en el neodarwinismo, como ciertos comportamientos complejos de las poblaciones, pero creemos que estos son los más fáciles de entender.

La evolución es algo muy complejo y seguramente todavía existe algún mecanismo en el que aún no hayamos caído. Y si eso ocurre, se incluirá ese motor en la lista de procesos del neodarwinismo. Pero la realidad es que actualmente tenemos una idea clara de cómo funciona la evolución. Eso es algo de lo que estar orgullosos como especie. Entendemos las leyes que rigen hacia dónde va la vida, aunque no podemos predecirlo en la mayoría de las ocasiones, pero sí podemos explicar cómo ocurre y eso es algo increíble.

El neodarwinismo no corrige a Darwin, sino que amplía su teoría con datos e ideas adicionales que también influyen en la evolución. Nosotros creemos que la teoría de la evolución neodarwinista es algo de lo que Darwin, Mendel e incluso

Lamarck estarían orgullosos en la actualidad. Porque pocos científicos están en desacuerdo con algo que ha sido probado y que es capaz de explicar tantos ejemplos evolutivos, incluso aunque su hipótesis de entonces no encaje con la realidad al 100 %. Una de las características de un buen científico es tener la capacidad de cambiar de opinión si los datos así lo indican. Y en el caso de la evolución los datos son tan apabullantes que parece claro que el neodarwinismo podrá mejorarse si es necesario, pero es extremadamente difícil que sea desmentido.

Así que ya sabes, la teoría evolutiva neodarwinista, cuanto más se cuece (estudia), más se enriquece.

UN CROMOSOMA
MENOS

¿Sabes que tenemos un par de cromosomas menos que los chimpancés? Parece como si haber perdido un cromosoma nos hubiera dado habilidades extra, porque nosotros somos casi como chimpancés, solo que hemos perdido algunas características y ganado otras. La realidad es que esta pérdida cromosómica seguramente debió ocurrir en un ancestro común con los chimpancés, ya que nosotros no venimos del chimpancé, sino que en realidad son nuestros primos. Tenemos un abuelo en común y luego cada uno de los hijos evolucionó en una dirección, dando lugar finalmente a los nietos: humanos y chimpancés. Somos claramente familia, habría que estar muy ciego para no verlo, pero tenemos algunas diferencias.

Los humanos tenemos 46 cromosomas y los chimpancés tienen 48. ¿Dónde fue ese par extra? Pues a ninguna parte, resulta que algo que puede ocurrir en ocasiones es una fusión de dos cromosomas pequeños en uno más grande. Ocurre por un error durante la división celular. Al fusionarse dos cromosomas, se pierde parte de los extremos de ambos, incluyendo la parte central de la X donde se unen las dos mitades, ya que solo se necesita una. Es cierto que algo de información se perdió, pero si no es mucha cantidad y los genes que hay en esa zona no son especialmente importantes, podría darse un individuo viable.

Y de hecho así fue. Nuestro cromosoma 2 (el segundo más grande que tenemos) es una fusión de dos cromosomas de chimpancés que llamaremos 2A y 2B. Hay estudios genéticos que han visto claramente que esto ocurrió, ya que las mitades son básicamente idénticas. incluso sabemos en qué punto exacto se fusionaron estos cromosomas. Se ha podido ver mediante secuenciación de todas las letras de estos cromosomas y también mediante el análisis de las bandas de los cromosomas. Estos códigos de barras de las patitas de los cromosomas son específicos y encajan perfectamente en esta fusión y también en el resto de los cromosomas que tenemos en común con los chimpancés.

Lo que es esperable que ocurra si se da una fusión como esta es que la reproducción de un individuo que tiene cromosomas de menos (o de más) sea más compleja, ya que la unión de los gametos en un embrión y también la misma división celular será mucho más difícil y lo más lógico es que se den abortos espontáneos. Pero hemos visto que esto fue viable, ya que nosotros mismos somos la prueba viviente de ello. Este hecho podría haber dado lugar a la bifurcación de una especie (nuestro abuelo) para acabar siendo dos linajes diferentes en algunos miles de años (humanos y chimpancés).

Seguramente, varias casualidades se dieron para que al final funcionase bien y conseguir algunos individuos a partir del original. Después, el linaje de 46 cromosomas (los futuros humanos) lo tendrían bastante complicado, ya que partirían de una población bastante pequeña. Seguramente, durante un tiempo hubieran podido reproducirse con el grupo de 48 cromosomas, pero como hemos dicho, los abortos serían más comunes. Con el tiempo, los individuos de 46 cromosomas irían aumentando y terminarían siendo suficientes, y con suficiente variación genética como para poder independizarse del grupo de 48. Esto habría facilitado que los dos grupos tomasen caminos diferentes, ya que existiría cierta barrera reproductiva que se iría aumentando con el tiempo. Al final, en cada grupo se darían cambios genéticos aleatorios que ocasionarían nuevas características que aumentan esa distancia poco a poco.

Como ves, a veces menos es más. Hay que mirar más allá del número o del tamaño (de cromosomas, de genes, de horas trabajadas). A menudo, con menos podemos llegar muy lejos. Se trata de encontrar el número que te permitirá hacer lo que necesitas con menos esfuerzo.

8. LA FILOGENIA Y TU ARBUSTO FAMILIAR

Es hora de hablar de tu familia, bueno, y de la nuestra. Ya puestos, vamos a hablar un poco de las familias de todos.

Seguro que has oído hablar del famoso árbol familiar. La idea cuenta cómo toda tu familia procede de tus tatarabuelos, que serían las raíces del árbol, y a partir de ahí irían tus abuelos, luego tus padres y al final tú, mientras que en las ramas de tu alrededor se encontrarían tus tíos, primos y hermanos. Es un concepto interesante que nos permite ver lo grande que es tu familia y cómo mediante el parentesco estáis todos conectados.

Pues ahora cambia árbol familiar por filogenia y ya habrás aprendido una nueva definición científica en esto de los términos evolutivos. La filogenia es una «rama» (¿lo pillas?) de la biología evolutiva que tiene como objetivo entender no solo la relación evolutiva de las especies, sino también su parentesco para ubicarlas tanto genética como históricamente. Y ya estaría, ¿no? No creerás que va a ser tan fácil, ¿verdad? Así que, como dijo el capitán Nemo en su submarino: vamos a profundizar un poco.

Te vamos a hacer una pregunta fácil: ¿tú cuántas especies diferentes crees que hay en nuestro planeta? Especies totales, ¿eh? ¿5000, 40 000, 500 000? Vamos a dejarlo en «muchas», que es una cifra que abarca entre el mogollón y el burrillón. Porque en verdad a ciencia cierta no se sabe un número concreto, pues muchas especies son descubiertas actualmente cada año, ya sea porque sus individuos son muy escasos y toparse con uno es cosa de suerte o bien porque viven en ecosistemas tan extremos y recónditos que dar con ellos es prácticamente imposible.

Pues bien, para hablar de filogenia hay que añadir a esa cantidad la de todas las especies extintas de las que se tiene conocimiento, que no son pocas, porque hay mucho dinosaurio que meter ahí. Y habrá especies de las que nunca sepamos porque no hay ningún fósil o resto que nos haga testigos de que un día habitaron este planeta; o incluso que existan actualmente, pero no las hayamos identificado y se extingan y queden en un eterno anonimato.

Lo que queremos es que seas consciente de la enorme variedad de seres vivos que hay, ha habido y habrá por ahí. Pero volviendo a lo del árbol, ¿cuál sería el origen de este? Pues si has ido leyendo en orden este libro, en algún momento te habrás topado con el concepto de LUCA. Ese sería nuestro tatarabuelo, si hablamos a nivel de especies. Y a partir de ahí, el resto es historia, como se suele decir. Pero al fijarnos no veríamos un árbol, sino más bien un arbusto que se va ramificando muy rápidamente en muchísimas ramas más pequeñas hasta llegar a ese burrillón de ramitas del que hablábamos antes. Así que esta distribución no tendría un gran tronco, sino que desde un principio todo arrancó a diversificarse lo máximo posible creando este arbusto evolutivo o, si nos ponemos técnicos, un cladograma.

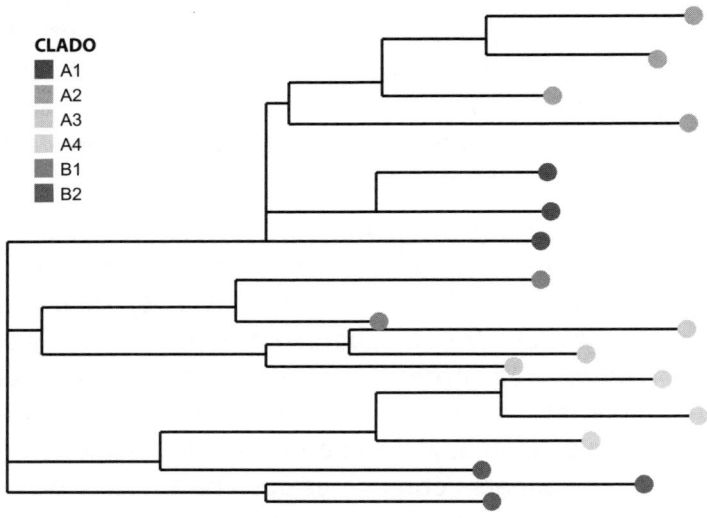

Figura 20. Ejemplo de cladograma.

Por cierto, ¿sabes a quién se le ocurrió esto de crear arbustos familiares? Pues fue un poco trabajo de varios científicos, porque como te hemos contado, esto de la ciencia es muy raro que provenga del trabajo de una única persona.

Los científicos necesitan orden en su vida y Linneo vio un filón, por lo que decidió presentar su taxonomía en el siglo XVIII. La taxonomía no es más que clasificar las cosas por grupos, en este caso especies. Ya sabes, primero en grupos grandes y generales como los reinos Animalia, Plantae, Fungi, Protozoa, Chromista, Archea y Bacteria para luego pasar a grupos más definidos y concretos como lo son el género y la especie.*

Pero esto solo clasificaba los seres vivos de ese momento, ¿qué ocurría con los fósiles? Ahí llegó Darwin con sus... estudios y dijo: «Necesitamos una filogenia», la cual complementaba a la perfección lo presentado por Linneo, pues mantenía su clasificación por grupos y, además, aportaba el valor histórico, por decirlo así. Su concepto de evolución era algo adicional que permitía entender los seres vivos tanto en el espacio como en el tiempo. Gracias a los restos de animales podías entender las adaptaciones evolutivas que se habían mantenido en el tiempo y cuáles habían quedado descartadas. Qué tipazo era Darwin, no hablamos lo bastante bien de él.

Pero fíjate en una cosa, aún no existían los laboratorios ultraequipados de hoy en día. Así que no podían ponerse en plan CSI tomando muestras de ADN. Por aquel entonces, si querías clasificar un puma, un león y un gato te tocaba tener muy buen ojo y saber de anatomía, concretamente de anatomía comparada, y también no ser alérgico a los felinos. Eso, junto a conocimientos en paleontología, te permitía relacionar un gato con un de un león y ubicar cuál era anterior evolutivamente. Además, te permitía situar especies

---

* Por cierto, si nunca te aprendiste el orden taxonómico, solo tienes que recordar este palabro *ReFiClaOrFaGeEs*, que representa la primera sílaba que cada rango de la jerarquía: reino, *phylum* o filo, clase, orden, familia, género y especie.

como a un tigre dientes de sable. Con las plantas y hongos también se podía hacer algo similar situando su parentesco basándose en esos rasgos morfológicos. Pero los microorganismos eran otro cantar, porque digamos que anatómicamente no tienen mucho que aportar.

Sin embargo, gracias a los avances en ciencia y a un buen presupuesto (en serio, busca cuánto vale una centrífuga) se han podido crear laboratorios con la suficiente tecnología para avanzar un paso más en esto de la filogenia. Gracias a esta tecnología disponemos de técnicas de análisis genético y molecular que permiten ver de cerca ese parecido entre microorganismos. Y cuando decimos «de cerca» nos referimos a comparar secuencias de ADN, ARN e, incluso, proteínas que componen ese microorganismo.

Todas estas pruebas, técnicas y conocimientos combinados ayudan en la identificación y clasificación de seres vivos, a pesar de las mutaciones que puedan presentar. Porque eso es otro tema, las mutaciones pueden ser muy engañosas y ser el palo en la rueda generando dudas. Es como si en tu familia todos fuerais de pelo blanco como un Targaryen y de repente nace alguien totalmente moreno. Si nos basamos en la morfología del individuo, comparando su pelo podrías sospechar de alguna intriga palaciega y creer que muy familiar tuyo no es. Pero a lo mejor no es un bastardo, y con los análisis genéticos y moleculares correspondientes averiguaríamos que simplemente es un mutante y sigue siendo un Targaryen. Menos mal que en *Juego de Tronos* no hay laboratorios, o la trama perdería mucha gracia.

ÉRAMOS POCOS Y PARIÓ LA EVOLUCIÓN

Ahora vamos a hablar de especiación, y no, no nos referimos a añadir condimentos en guisos. Ya sabemos que hay muchísimas especies habitando nuestro planeta, pero la gran pregunta es ¿cómo hemos llegado hasta aquí? Pues a partir de otras especies, pero por muy diversas causas.

Para empezar, habría que definir el concepto de especie, porque así podremos establecer la frontera existente entre los seres vivos. Porque, sí, para ti es muy fácil distinguir entre un cóndor y una jirafa, tienen bastantes diferencias estructurales en su cuerpo para no confundirlos si te los encuentras por la calle. Eso podría ser una primera manera de distinguirlos, si no se parecen en nada, seguramente serán especies diferentes. Esto en la época de Linneo te hubiera hecho una eminencia, pero estamos en el siglo xxi, así que vamos tener que afinar un poco más.

Si se distinguen bien sus rasgos podemos ver que son especies diferentes, pero, por ejemplo, eso nos plantea el problema de los dimorfismos sexuales, es decir, cuando dentro de una misma especie el macho y la hembra son muy diferentes estéticamente. Un ejemplo serían los pavos reales, donde los machos tienen esa espectacular cola en forma de abanico y unas plumas de color azul zafiro, mientras que las hembras son grises y no tienen esa cola tan llamativa. Y aun así son de la misma especie. Con esto llegamos a la conclusión que basarnos en lo estético no es lo único que nos sirve para distinguir especies.

En su momento, históricamente esta definición fue un dolor de cabeza porque no se sabía de dónde salían las especies, hasta que se publicó cierta obra llamada *El origen de las especies*, de un tal Darwin, te suena, ¿verdad? De esta obra se añadió una capa más a la definición. Si te puedes reproducir y tu descendencia es fértil, entonces sois de la misma especie.

—Entonces, ¿qué pasa con el burro y el caballo?

Esa es una buena pregunta, los burros y los caballos pueden cruzarse para dar lugar al animal conocido como mula, este híbrido presenta rasgos de ambos, pero es estéril, así que la mula no es una especie en sí misma. Y debido a su falta de capacidad de reproducción nos confirma que un burro y un caballo no son la misma especie. Y luego está la hibridación de las plantas, que con suerte puede originar nuevas variedades vegetales, complicando todo aún más.

O las especies que son distintas, pero sí pueden reproducirse entre sí, como nos pasó a los humanos con los neandertales. Pero bueno, siempre puede haber excepciones a la regla.

Y ahora ya tendríamos todo más claro, ¿no? Pues no, porque hemos hablado de reproducción sexual, pero ¿qué pasa cuando la reproducción es asexual? Por ejemplo, las bacterias pueden suponer un problema a la hora de identificarlas, ya que tienen reproducción asexual. Aquí es donde entra el análisis genético mediante el cual podemos indagar en el código interno de cada especie para buscar sus semejanzas y diferencias.

Pero entonces, ¿todo lo que propusimos antes estaba mal? Pues no necesariamente. Verás, identificar especies es como hacer efectos especiales en el cine. Cuando quieres hacer aparecer un monstruo en una película puedes usar distintas opciones. Puedes no enseñar al monstruo para crear expectación. También puedes usar efectos prácticos con mucho maquillaje. O bien puedes usar efectos digitales hechos en ordenador. ¿Qué es mejor? Pues todo a la vez, en planos lejanos usar efectos digitales que se integran bien, en los planos de cerca usar trucos prácticos para hacerlo todo más realista y en los momentos de tensión no enseñarlo para aprovechar y crear ese efecto intrigante en el público.

Y con la identificación de especies pasa algo muy similar, empiezas fijándote en cuánto se parecen morfológicamente, luego investigas sobre cuál es su reproducción y cómo es su descendencia, y rematas con análisis genéticos para aclarar las posibles dudas que tuvieras sobre ello. Aun así, a nivel general tú quédate con que para que unos individuos sean de la misma especie deben ser parecidos morfológica y genéticamente y, además, reproducirse dando una descendencia fértil, salvo algunas excepciones.

Ahora bien, ¿cómo nos damos cuenta de que una especie pasa a ser dos diferentes? Al igual que la evolución es lenta, la aparición de especies no es algo espontáneo. Requiere un factor que obligue a una parte de la población de una especie a cambiar, y ese factor suele ser el aislamiento reproductivo. Cuando una población se aísla de otra de su misma especie se puede ver expuesta a diferentes condiciones que junto a ese aislamiento puede afectar a su adaptación generando cambios que den lugar a nuevas especies. Aquí las mutaciones y la selección natural también participan, no lo olvides. Este proceso de especiación puede tener diferentes maneras de darse.

TÚ A BOSTON Y YO A CALIFORNIA: TIPOS DE ESPECIACIÓN

Cuando individuos de una población se aíslan tanto geográficamente como reproductivamente, puede ocurrir que uno de ellos, o ambos, sufran los suficientes cambios como para que no tengan muchas cosas en común. Esto puede parecer una declaración sobre lo poco que pueden funcionar las relaciones a distancia, tema en el que no nos vamos a meter porque esto es un libro de CIENCIA y no de amor. Pero en la evolución, a las poblaciones les pasa eso (se separan y van evolucionando en direcciones diferentes) y de esta manera pueden surgir nuevas especies.

ESPECIACIÓN GEOGRÁFICA O ALOPÁTRICA

Esto es lo más común y ocurre cuando unas poblaciones se separan geográficamente. Porque si te separas en el espacio, lo de reproducirse con alguien va a verse afectado. A veces esta separación es por barreras naturales que surgen con el paso del tiempo, como la aparición de una montaña o de un río. Los cataclismos que modifican la disposición del ecosistema, como la acción de un volcán, también pueden ser motivo de separación. Esta situación en un nuevo ambiente supone la modificación de uno o de ambos grupos que evolucionarán hasta generar nuevas versiones de ellos mismos. ¿Te acuerdas de los diferentes tipos de pinzones que identificó Darwin distribuidos en diferentes islas? Pues ese es un ejemplo, porque aunque vuelen, las islas se encuentran demasiado lejos.

ESPECIACIÓN PERIPÁTRICA

A veces las especies migran en busca de un futuro mejor y se atreven a ir un poco más allá de su zona de confort, pero sin alejarse demasiado. Su objetivo es conquistar un nuevo nicho ecológico en el que prosperar. (Un nicho ecológico es el papel que realiza una especie en un ecosistema y las interacciones que genera en este). Todo con unas condiciones distintas de hábitat, como, por ejemplo, los osos polares, que proceden de unos osos pardos que se animaron a probar un nicho ecológico más fresco.

ESPECIACIÓN PARAPÁTRICA

En este caso, las poblaciones se encuentran en el mismo espacio, pero se separan. Esto es posible gracias al uso de nuevos nichos ecológicos y zonas con características diferentes. Se da en organismos que por alguna razón se han desplazado en el hábitat llegando a esas zonas diferentes y les costará moverse de nuevo. Si lo ejemplificamos con algún ser vivo, las plantas y hongos son seres sésiles que no pueden desplazarse, por lo que donde hayan acabado terminará siendo su nuevo hogar.

ESPECIACIÓN SIMPÁTRICA

Puede que dentro del hábitat de una población, un grupo se enfoque en un nicho muy concreto, como, por ejemplo, un objetivo nutricional. Una parte de esa población se especializa tanto tanto tanto que al final empieza a derivar hacia algo diferente. Ha ocurrido con unos peces en lagos africanos que se han vuelto especies diferentes porque han evolucionado según su dieta, por ejemplo, unos se alimentan de algas, otros de insectos, otros de otros peces. Esto ha supuesto un nuevo desarrollo de sus estructuras con adaptaciones específicas.

Tras ver esto, te habrás dado cuenta de que la diversificación de los seres vivos es cuando menos variada. Cada especie es el resultado de una situación concreta de la combinación de las condiciones ambientales, la situación geográfica, el nicho ecológico y hasta la dieta. Pero vamos a ponerles a nuestras especies un examen, ¿sabrán aprobarlo?

SI COPIAS, QUE NO SE NOTE: LA EVOLUCIÓN CONVERGENTE

PREGUNTA: ¿Qué tienen en común una mosca, una paloma y un murciélago? (Aparte de que habitualmente se consideran desagradables). Lo que tienen en común es que pueden volar. Esperabas una respuesta rebuscada en plan «tienen fragmentos de genoma comunes con bases nitrogenadas ordenadas de forma palindrómica y blablabla». Pues no, a veces hay que fijarse en lo sencillo para entender lo complejo.

Vale, todos vuelan, hasta aquí todo bien. Si vuelan tienen todos alas, perfecto. Nos sorprende tu atención al detalle. Tu mente es afilada cual navaja de Ockham. Vale, no te tomamos más el pelo.

Pero, sí, es así de sencillo. Varias especies han evolucionado de diferente manera para solucionar el mismo problema. Necesitas alas, así que, *voilá*, aquí las tenemos. Aunque, ojo, son lo mismo y cumplen su objetivo, pero no son iguales. Si te fijas, las alas de un murciélago se basan en membranas de piel que conectan los largos dedos que componen su estructura. Mientras que en un ave la suspensión es gracias a las plumas porque sus dedos quedan reducidos a unos pequeños vestigios en las puntas de las alas. Ambos tienen esqueleto, aunque dispuesto en diferentes formas, pero ¿y la mosca? Pues las alas de la mosca son una combinación de pequeños músculos que articulan esa parte del exoesqueleto, ni siquiera son extremidades propiamente dichas.

Esto también se aplica a la manera de volar, tanto el murciélago como la paloma aletean, mientras que la mosca tiene un mecanismo de vibración para mover las alas a alta velocidad, como un motor. Pero al final del día consiguen volar, que es lo que cuenta.

Y este no es el único ejemplo en la naturaleza. Desde los ojos humanos y los de los pulpos, pasando por la manera en que se hace «bolita» una cochinilla y un pangolín. Y si te pones a pensar se te ocurrirán otros tropecientos ejemplos más. Incluso en plantas, como los cactus y las euforbias, ambas plantas con espinas y capacidad para almacenar agua.

Este parecido supone algo sorprendente, pues especies que se separaron evolutivamente hace mucho han desarrollado estructuras similares para hacer frente a un problema similar. Parece una coincidencia cósmica, pero ¿y si simplemente fuera la manera más eficiente de hacer algo y la evolución, con su tiempo casi infinito, termina llegando a ello irremediablemente?

El concepto de evolución convergente es un poco a ojo, pues se basa en observar las estructuras y ver cuánto se parecen. Dónde empiezan o acaban estos parecidos ha sido una labor a base de comparar anatomía y aplicaciones. Pero agárrate, que también hay evolución convergente molecular.

Volviendo al murciélago. Aparte de ser un mamífero volador, destaca por la ecolocalización, y eso es debido a una proteína llamada prestina, que es una proteína que se expresa en las células ciliadas del oído, la cual ayuda a amplificar algunos tipos de sonido. Por eso sirve para la ecolocalización. Esta proteína está presente en la mayoría de los mamíferos, pero no todos la tienen tan desarrollada. Y ¿sabes qué mamífero también usa la ecolocalización? Los delfines. En ellos también se ha encontrado la presencia de esta proteína con cambios en su secuencia de aminoácidos similares a las de los murciélagos. Es decir, de la prestina original, que no sirve para ecolocalizar, dos especies que sí tienen ecolocalización han llegado a los mismos cambios. Los científicos piensan que estos cambios serían los únicos que permitirían hacer ecolocalización, y que por tanto se han seleccionado fuertemente en ambas especies, ya que les otorga mucha ventaja evolutiva. Es sorprendente como animales que se encuentran separados filogenéticamente hace mucho tiempo, hayan encontrado la misma solución al mismo problema.

DIFERENTE PROBLEMA, MISMA SOLUCIÓN: LA EVOLUCIÓN DIVERGENTE

Mira tu mano, da igual la derecha o la izquierda. Tú mírala. ¿Qué pensarías si te dijera que podría ser una pezuña, un ala o incluso una aleta? No es tan loco como parece.

Antes hablamos del arbusto familiar y de la presencia de un antecesor común. Pues si usamos los vertebrados como ejemplo, imagina un animal que tuviera una estructura ósea básica en sus extremidades delanteras. Ese animal se vería expuesto al paso del tiempo, a las condiciones del entorno y a la selección natural. Esto no haría que simplemente evolucionara, sino que también podría llegar a sufrir un proceso de especiación.

Podría acabar en ambientes acuáticos, y sobreviviría mejor si dispusiera de aletas. Si su alimentación le indujera a ser un depredador, triunfaría si tuviera garras. Si empezara a volverse más inteligente y a coger objetos, el tener manos y una mayor destreza le ayudaría a tener éxito. Piensa en cualquier extremidad delantera de un animal vertebrado que se te ocurra, si hiciéramos una radiografía veríamos cómo a base de aplicar la anteriormente mencionada anatomía comparada identificaríamos estructuras homólogas, aunque deformadas entre especies debido al posible uso de cada extremidad. Porque no es lo mismo un ala, que una aleta, que una pezuña.

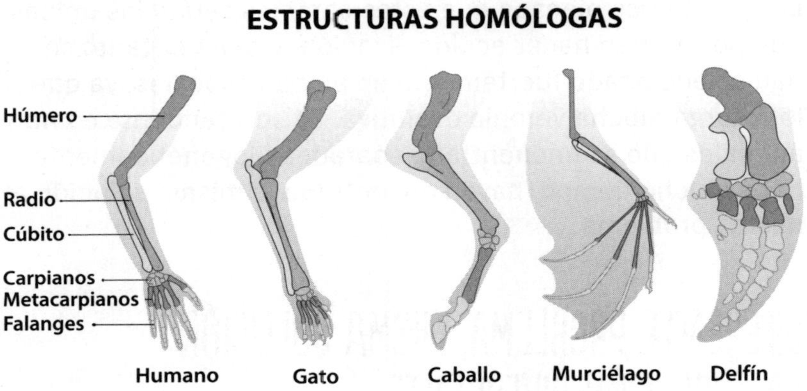

ESTRUCTURAS HOMÓLOGAS

Húmero
Radio
Cúbito
Carpianos
Metacarpianos
Falanges

Humano   Gato   Caballo   Murciélago   Delfín

Figura 21. Estructuras homólogas en mamíferos.

Pero esto también ocurre con especies vegetales como la col, el repollo, la coliflor, las coles de Bruselas y hasta el brócoli. Todos ellos tuvieron un antecesor común, pues todas pertenecen al género *Brassica*. Pero debido a su diversificación a través del tiempo y el espacio, junto con la presión evolutiva diferencial, surgieron estas deliciosas versiones vegetales (sí, incluido el brócoli).

Y es que ante la enorme cantidad de retos que propone la naturaleza, la todopoderosa evolución nos otorga a los seres vivos infinitos recursos que a base de ensayo (y a veces error) nos da la posibilidad de salir adelante por muy difíciles que se pongan las cosas. Dándonos siempre una forma adecuada para cada función que necesitemos realizar.

SALAMANDRAS ENSATINA DE CALIFORNIA

La obsesión de los humanos por clasificar en grupos puede ayudarnos a entender muchas cosas, como diferentes conceptos (especie, subespecie, género, etc.), pero también puede hacer que entendamos de una manera demasiado cerrada lo que significa evolucionar. Las especies surgen de otras especies, las cuales se separan por una u otra razón y toman caminos diferentes a la hora de evolucionar. Cuando ha pasado suficiente tiempo, los humanos decimos que son dos especies diferentes. Y muchas veces esto está claro, como cuando ves un humano y un chimpancé. Han pasado 8 millones de años desde que nuestro ancestro común se dividió en los dos grupos que somos hoy en día. Pero, si hubiéramos estudiado estos dos grupos cada año durante los 8 millones de años que ha durado nuestra separación, quizás no sabríamos decir el momento en el que una especie pasó a ser dos subespecies, especies o incluso géneros diferentes.

Es como los vídeos de personas que se hacen fotos diariamente desde niños hasta adultos y montan un vídeo a cámara rápida. Apenas te das cuenta de los cambios, ya que son graduales. Lo mismo pasa con nuestra propia vida o la de nuestros hijos/padres. Si te paras a pensar en el pasado, notarás que has cambiado mucho, pero no es algo que sientes a diario. De hecho, para la mayoría de personas hay un periodo en el que podemos decir que están madurando, o haciéndose adultos, pero no hay un día clave que demuestra que todas nuestras partes están listas para la edad adulta. Este periodo es clave, pero no es de un día para otro.

Si pensamos que el proceso de especiación es mucho más lento que cuando un humano crece, entonces podemos entender que habrá varios miles de años en los que no sabremos si una especie que se ha dividido en dos grupos es o no es aún la misma especie. Esto ocurre porque, al igual que crecer, la especiación y la evolución son procesos graduales. No te despiertas al día siguiente y eres otra especie. Es algo muy sutil que no se aprecia hasta que es muy obvio.

Esto es lo que ocurre con la especie (o subespecie) de salamandra californiana. Las salamandras del género *Ensatina* de esta zona se distribuyen en forma de aro alrededor del valle central de California y tienen algo extremadamente curioso. A lo largo de este círculo, van variando en su aspecto, identificándose hasta siete subespecies. Pero no están todas mezcladas, sino que su distribución es ordenada. Las del norte tienen motas, las de al lado tienen más bien rayas, otras son lisas y así, como si fueran barrios de una ciudad con mucha desigualdad, donde en los límites de los barrios hay algo de mezcla, pero en el centro de cada barrio solo vas a encontrar a una tribu urbana específica.

Esto ha sido considerado una pesadilla para los taxónomos (poner tantos nombres a subespecies ya empezaba a ser muy pesado), pero un sueño para los evolucionistas. Lo que se ha observado es que las salamandras de los «barrios» que conectan se parecen entre sí (física y genéticamente también), mientras que las salamandras de zonas alejadas entre sí están más separadas en colores y también en genética. Aunque haya algo de conexión entre las zonas donde viven, como el valle es tan grande, la mayoría de las salamandras de una de las zonas sí están aisladas, porque no se relacionan mucho con las de la zona de al lado. Pero al no estar totalmente aisladas, algo del genoma de la zona colindante se filtra.

Este ejemplo permite entender perfectamente la gradación de la que hablábamos en la evolución. Tenemos una especie de anfibio que tiende a separarse en siete especies porque este valle es muy aislante, pero a su vez se mantienen relaciones con las zonas contiguas ya que no están totalmente separadas. Al final tenemos individuos con más y con menos relación entre ellos.

Supongamos que estas salamandras siguen su proceso de separación durante los siguientes miles de años. Habrá algunas que se separarán más rápido, digamos las que viven al norte del valle y las que viven al sur. En unos miles de años quizás no puedan reproducirse entre sí, pero las del norte sí podrán reproducirse con las del este, las cuales a su vez quizás también puedan reproducirse con las del sur... Entonces, ¿serán la misma especie o no? Es difícil tener un término para algo tan variable y transitorio.

Por eso, el concepto de especie es algo que puede llevar a confusiones. No es inamovible, sino que es algo para ayudarnos a nosotros, los humanos, a clasificar a los seres vivos. No intentamos que dejes de creer en todo lo que conoces como cierto en biología, ni derrumbar tus dogmas sobre qué sabemos realmente. Queremos que entiendas que la vida es una escala infinita de colores y no unas pocas cajas donde almacenar cosas. Esas cajas son solo para entendernos nosotros mismos y son extremadamente útiles, pero la vida es en realidad un continuo.

9. ALICIA EN EL PAÍS DE LAS ADAPTACIONES EVOLUTIVAS: LA TEORÍA DE LA REINA ROJA

En este recorrido sobre la evolución, hemos podido comprobar cómo la presión del entorno sobre las especies es un buen disparador de cambio. Muchos de estos factores son, por decirlo así, cambios en las reglas del juego.

Imagina un juego, uno al que has aprendido a jugar durante años y conoces muy bien sus mecánicas. Pongamos de ejemplo los Warhammer, que para el que no lo conozca se trata de un juego de miniaturas, para montar tu propio ejército y así organizar batallas. Y a ti te encanta y disfrutas jugando con tus amigos. Pero de repente, cambian bastante las reglas con una actualización y modifican el juego totalmente. Ese sería un factor de presión al que todos los jugadores os tendríais que adaptar para poder «sobrevivir» en el nuevo sistema. Si esto no ocurre, lo más probable que suceda es que te extingas, bueno, más bien que lo metas todo en una caja de zapatos y te olvides de ello.

Sería un ejemplo de cómo el ambiente puede condicionar a un grupo de diferentes especies e individuos para que se adapten. Si lo extrapolamos a los seres vivos imagina un gran cataclismo como una edad de hielo que supone un cambio lo bastante drástico que fuerza una adaptación de todos. Esto es lo que anteriormente hemos mencionado como factor de presión sobre las especies.

Vale, ahora imagina que hay un jugador en concreto que decide solamente ganarte a ti. Ha estudiado la facción que utilizas, tus estrategias, tus errores, tus puntos fuertes y hasta si llevas calcetines de la suerte. Y así, ha ideado una manera óptima para darte una paliza cada vez que juegues con él. Esta forma de jugar no les afecta a otros jugadores, porque con ellos no quiere jugar, su única presa eres tú, no le interesan otros jugadores. ¿Qué harías entonces?

Y no dramatices. Esta situación la sufren a diario las presas de muchos depredadores. Un depredador ha cogido la manía de comerse a las pobres presas y tiene obsesión con ellas. En la naturaleza es raro que un depredador se alimente de una sola presa. Por eso no hablamos de cadena trófica, sino de red trófica, porque suelen tener un menú más amplio.

Para este ejemplo que te contamos pondremos que solo hay predilección por una sola presa. En este caso, el factor de presión está dirigido solamente hacia ti. Y no puedes decir «dejo de jugar», porque es tu *hobby* favorito. Ante este callejón sin salida, tu única opción es adaptarte y mejorar. Ya sea mediante nuevas estrategias para tu ejército, consultar a tu amigo Berni con su gran experiencia o, incluso, cambiar tus comportamientos para ser menos predecible. De esta manera, este oponente será derrotado, pero solo temporalmente, pues volverá a mejorar él también para volver a encontrar tus puntos débiles y superarte. Y así hasta el infinito o hasta que uno de los dos deje de jugar.

Las especies mejoran para hacer frente a sus depredadores y vencerlos, pero es una victoria temporal, pues de nuevo los depredadores también mejorarán para que no se escape su almuerzo.

¿Y Alicia donde entra en la parte de esta historia?

Pues verás, persona que está leyendo estas líneas, lo de Alicia es una metáfora para hablar de la hipótesis de la Reina Roja.

LA HIPÓTESIS DE LA REINA ROJA

Para empezar por el principio, debemos aclarar que esto no es una teoría sólida, sino una hipótesis. Para que nos entendamos, se trata de una propuesta que está aceptada porque se basa en unos datos y observaciones, aunque no puede confirmarse de forma definitiva.

Entonces, si no está basada en el método científico, podemos decir que no nos sirve, ¿no? Pues resulta ser una hipótesis bastante interesante que nos sirve para analizar la relación de las especies entre ellas y con el medio, por lo que creemos que te puede parecer interesante. A veces hay que ver más allá y escuchar propuestas, siempre y cuando sean razonables.

Respondiendo a la pregunta de antes, vamos a contarte de dónde viene el nombre de Reina Roja. Esto procede de la secuela de *Alicia en el País de las Maravillas* de Lewis Carroll. Y estarás diciendo: ¿cómo que tiene secuela? Pues sí, que Disney no haya exprimido la franquicia no significa que no haya más material de este personaje. En esta secuela, Alicia no tiene que perseguir a un conejo blanco, ni tiene reuniones de té estrafalarias. Lo importante es que se topa con un personaje llamado la Reina Roja, ¡ojo!, no confundir con la Reina de Corazones. Además, esta nueva monarca es más sosegada y no tiene esa afición por separar la cabeza del cuerpo de sus súbditos. Por cierto, la secuela se titula *Alicia a través del espejo*, es cortito y se lee en una tarde, pero antes termínate nuestro libro por lo menos, ¿eh?

Figura 22. Reina Roja en *Alicia a través del espejo*.

Volviendo a la trama de esta secuela, este personaje le decía a nuestra querida Alicia una frase cuando menos curiosa: «Para quedarte donde estás tienes que correr lo más rápido que puedas. Si quieres ir a otro sitio, deberás correr, por lo menos, dos veces más rápido». Puede sonar un tanto confusa, pero tiene todo el sentido con lo que te queremos explicar sobre esta hipótesis, tú sigue leyendo.

Esta frase aparentemente sin sentido inspiró a un señor llamado Leigh van Valen en 1973. Este biólogo evolutivo tuvo una revelación con esta frase. Pensó que la evolución no es algo puntual, sino algo constante, como una carrera en la que no debes parar de moverte si quieres seguir el ritmo. Como el jugador al que le cambian constantemente las reglas de su juego, debes seguir adaptándote si quieres continuar. Evolucionar, adaptarse y reproducirse es el mantra que se repite como un disco rayado en el destino de las especies que quieran evitar la extinción.

Pero aquí nos plantamos con un problema grande que ya hemos explicado anteriormente. La evolución ocurre, sin duda, pero es bastante lenta, al menos en organismos superiores. Si hablamos de microorganismos, su tasa evolutiva es muy superior, pues lo que para nosotros son apenas unas horas, para unas simples bacterias pueden suponer bastantes generaciones.

Pero aun así, si ampliamos nuestra percepción temporal llegaremos a la conclusión de que el entorno y sus factores abióticos (temperatura, humedad, presión…) se toman su tiempo a la hora de estimular la evolución. Esto no significa que no haya evolución, simplemente dice que las especies no viven en un constante agobio porque su ambiente sea inhabitable (salvo cataclismos inesperados como un meteorito gigante, para eso no está nadie preparado).

Por otro lado, esta hipótesis es la fantasía de Darwin, ya que refuerza su concepto de selección natural. Una selección natural constante, no opresiva, pero siempre presente en cada uno de nosotros. Esto convierte a este fenómeno en un concepto tan eterno como la Muerte en los cómics de

Sandman. En ellos, la Muerte es un Eterno y se define como una entidad que existe desde el primer aliento de vida de cualquier ser hasta el último suspiro del último individuo vivo. Y con la hipótesis de la que os hablamos el concepto se definiría igual, pues la Selección Natural (ahora en mayúsculas) existe desde que el primer ser vivo tuvo que aventurarse a la existencia, desde que la primera entidad viviente probó suerte en esto que llamamos vida, hasta que el universo que conocemos llegue a su fin definitivo y no quede nadie. Será entonces cuando entidades como la Muerte o la Selección Natural habrán terminado su labor y puedan tomarse unas permanentes vacaciones.

Tras ponernos tan profundos y llegados a este punto, ¿se te ocurre qué es lo que puede generarte una constante preocupación por tu supervivencia?

Seguramente la inestabilidad económica y política, la precariedad laboral, la crisis de la vivienda o el precio de las judías verdes en el mercado... Pero si nos ponemos en una situación más simple, más animal, más primaria, lo que más debe preocuparte debe ser ¡QUE TE COMAN!

LA CARRERA ARMAMENTÍSTICA DE LA NATURALEZA

¿Recuerdas cuando veías dibujos animados? Seguro que en algún momento viste un capítulo de *Tom y Jerry*, o de *El Coyote y el Correcaminos*, o de *Silvestre y Piolín*. En sus eternas persecuciones, en algún momento a los protagonistas les daba por sacar un arma y su antagonista sacaba una más grande y en respuesta se sacaba una cada vez más grande escalando la potencia de fuego y el chiste. Bueno, pues esto ocurre en la naturaleza entre diferentes especies constantemente.

Hablamos de especies diferentes, que entre ellas hay una relación, pero no de parentesco. A este tipo de relaciones se las denomina relaciones interespecíficas (entre especies) y las hay de todo tipo. Quizás la que primero te viene a la cabeza es la de depredador-presa, en la que una especie se alimenta de otra. Una especie puede tener más de una relación y ocupar un rol totalmente diferente: un pájaro puede ser depredador de insectos, pero a la vez ser la presa de un gato. Volviendo a la idea de antes de los dibujos animados, usaremos a los *Looney Tunes* como ejemplo, siendo nuestros protagonistas el gato Silvestre, que sería el depredador, y el canario Piolín como la presa.

Ambos andan planeando cómo ser más listo que el otro para conseguir sus objetivos, que son comer y no ser comido. De esta manera comienzan una carrera de recursos para engañarse mutuamente y que ninguno consiga alcanzar el éxito. Cada uno utilizando aquello que le caracteriza. Por un lado tenemos al gato, que aprovecha su tamaño y fuerza para dominar a su pequeña presa, mientras que el canario aprovecha su intelecto y picardía para esquivar los planes del felino. Obviamente, en los dibujos animados ninguno de los dos va a triunfar por mucho que lo intente porque si no se acaba el *show*, además son solo dos protagonistas, como dijimos, por no hablar de la indestructibilidad que tiene un dibujo animado ante cualquier daño físico.

Pero ahora imagina a 100 gatos Silvestre y a 100 canarios Piolines, y los soltamos en un medio natural. Por supuesto, les quitaremos la invulnerabilidad que les da ser un dibujo animado para que emule una situación natural de depredación. Vamos a dejarles un tiempo para que a nuestros felinos les entre hambre y empiecen a planear maneras de merendarse a los canarios. Tras este periodo nos encontraremos que de nuevo es probable que tengamos un empate, en el que algunos Silvestres tendrán la tripa llena y otros no hayan tenido un buen desenlace, mientras que habrá algunos Piolines que sigan vivos revoloteando.

Imagínate que nos quedan 50 gatos y 50 canarios. Ahora estos animales serán más letales y escurridizos, respectivamente. Y si se reproducen presentarán una descendencia que heredará sus caracteres mejorados. Los Silvestre junior y Piolín junior serán mejores en lo que hacen, pero ambos equilibrados para mantener la pugna por la supervivencia, ya sea comiendo o evitando ser comidos. Ambas especies están sometidas a una presión constante: los Piolines deben espabilar para que no los devoren a todos, mientras que los Silvestres deben conseguir triunfar o se morirán de hambre. La supervivencia y la necesidad de alimento se convierte en su día a día.

Es importante que te digamos que este ambiente en el que hemos soltado a estos personajes es un ambiente estable y simplificado para este ejemplo. Hemos descartado factores externos como las condiciones del ecosistema, herramientas de marca ACME o la aparición de abuelitas con bolsos que puedan dar una ventaja externa significativa a cualquiera de los bandos.

Pero ¿y si ocurre algo diferente? ¿Y si la proporción resultante no está tan equilibrada? Por ejemplo, que queden 80 gatos y 20 canarios. Puede ser que los gatos hayan dado un salto evolutivo desproporcionado que los haga tremendamente rápidos y les permita ser mejores a la hora de perseguir a sus presas. Este modelo de depredación es insostenible a largo plazo y no es coherente con la evolución, porque entonces los Silvestres se quedarían sin Piolines y se acabó. Entonces, la hipótesis de la Reina Roja establece que esta competencia y guerra entre especies es paralela y su desarrollo ocurre de forma conjunta, pues si una le saca demasiada ventaja a la otra, más pronto que tarde se extinguirá.

De aquí surge la idea de una carrera infinita como en la obra de Alicia. Siempre tienes que estar corriendo para seguir en la carrera y, además, debe ser cada vez más rápido, pues todos los corredores también corren cada vez más. Y si te paras, vas a perder seguro, porque al final no podrás competir con quien se enfrenta a ti. Irónicamente, esta carrera nunca la vas a poder ganar, no compites contra una presa o un depredador, como en el ejemplo de los gatos y los canarios, sino que compites contra todas las especies del ecosistema con las que mantienes una relación.

Vale, pero eres ultracompetitivo y te gusta ganar siempre. Debes saber que si perdieran el resto de las especies tú tampoco conseguirías la victoria porque vuestras relaciones son imprescindibles para vivir en un sistema tan complejo como es un ecosistema. La única manera de «ganar» es que todos nos mantengamos en esta infinita competición en la que ninguno destaquemos especialmente y en la que cada vez vamos más rápido.

Sigamos con el ejemplo de 80 gatos y 20 canarios, estos felinos en algún momento se comerán a todos los pájaros y luego morirán de hambre al no haber nada más que comer (de nuevo recuerda que es un ejemplo simplificado, las latas de atún no entran en la ecuación). Esto manifiesta que no solo debes esforzarte para conseguir llegar al ritmo de los demás de la carrera, sino que si corres demasiado rápido debes moderar tu paso para no sacar demasiada ventaja con los otros competidores. Lo que suele ocurrir si no existe un equilibrio es que las especies se extinguen.

Para el ejemplo anterior, hemos utilizado el modelo de depredador-presa, pero hay otras relaciones entre especies que también están en constante competición. Estarás pensando en parasitismo, donde una especie es el huésped y la otra el parásito, obviamente. De nuevo, ambas especies desarrollarán estrategias para evitar que el parásito viva a costa del huésped, mientras que el otro encontrará maneras de que no detecten su presencia y pueda evadir las defensas para vivir del cuento.

Y aquí nos topamos con algo bastante interesante. Hemos dicho que las especies que tienen este tipo de relaciones evolucionan en paralelo. En ocasiones incluso su longevidad es relativamente similar. Los gatos viven entre 12 y 18 años, mientras que un canario ronda los 10-12. Son algo diferentes, pero lo suficientemente similares como para que se puedan comparar.

Pero con los parásitos ocurre algo cuando menos curioso. Normalmente, los parásitos tienen un ciclo de vida muy corto comparado con su huésped. Esto quiere decirnos que aunque se reproducen mucho y tienen muchas generaciones, no pueden evolucionar mucho más rápido que su huésped, sino que deben seguir haciéndolo en paralelo y al mismo ritmo como un conjunto de engranajes de diferentes tamaños perfectamente sincronizados en el reloj de la evolución.

Todo esto que os hemos contado es en el caso de especies diferentes, en un concepto evolutivo en la competición de los más aptos manteniéndose en un equilibrio dinámico, es decir, estático pero a su vez en perpetuo cambio.

Ahora bien, supongamos que la competición ocurre entre individuos de la misma especie, ¿la carrera se detiene?

LOS CHICOS NO LLORAN

Van Valen triunfó hasta cierto punto con su hipótesis, incluso tuvo fans (y también *haters*). Y uno de estos seguidores fue un señor llamado Graham Bell, y no, no es el inventor del teléfono. Nos referimos al otro Graham Bell, el que era más alto, ya sabes, el biólogo evolutivo experto en protozoos y en evolución. Este señor también le dio una vuelta a la obra de Lewis Carroll, pero su mente solo pensaba en una cosa: SEXO.

Graham Bell no era ningún pervertido. Lo que pasa es que a este investigador le intrigaba el peso de la reproducción sexual y la competencia a un nivel más intraespecífico.

Como ya sabes, la reproducción sexual es algo muy complejo que tiene muchas ventajas, como la posibilidad de ofrecer mucha variedad genética dentro de una especie. Pero a la vez, los machos en ocasiones contribuyen «poco» a la supervivencia de una especie, puesto que muchas veces no participan en la generación de descendencia por la propia competencia entre los machos para ver quién consigue reproducirse.

Él no fue el único que empezó a darle una vuelta a esto de la reproducción. Porque machos hay muchos, pero que consigan reproducirse hay unos pocos, principalmente porque es muy difícil encontrar pareja en el reino animal, al menos si eres macho. Entre enfrentamientos con otros competidores, los rituales de apareamiento y lo de invitar a cenar, supone un esfuerzo enorme y no te asegura el éxito.

Y tú, que te crees muy inteligente, dirás: pues me reproduzco asexualmente, yo mismo con mi mecanismo. Así no dependerías de nadie ni tendrías ese gasto de recursos. Pero date cuenta, reproducirse asexualmente supone crear clones tuyos, si bien habrá variabilidad genética debido a los errores al replicar el ADN. Aunque eso parezca prometedor, te estás perdiendo obtener alelos de otros individuos mejor adaptados que pueden enriquecer tu descendencia. Y no llevamos todo un libro entero hablando de genes, evolución y todo esto para ignorar las ventajas que ofrece una buena mezcla genética en la descendencia. Así que llegados a este punto, aceptamos que a pesar de todo, la reproducción sexual funciona.

Fíjate si funciona bien que permite evolucionar más rápido. En esa recombinación génica de padres a hijos se producen descendientes únicos, entre los cuales tarde o temprano surgirán individuos excepcionales. Y esos tendrán una enorme capacidad para adaptarse a cualquier cosa a la que tengan que enfrentarse, ya sea el entorno, depredadores o parásitos molestos.

¿NO PODEMOS SER AMIGOS?

Vale, ¿hasta aquí qué hemos aprendido? Que la vida se resume en vivir estresado bajo el «come antes de que te coman» y la necesidad de tener muchos descendientes para que alguno consiga salir adelante y de esta manera que no se extinga tu especie. En el caso de un ser humano como tú, no te tienes que agobiar por eso, somos los suficientes humanos en el mundo como para que esto no sea un problema.*

El mundo es peligroso, todos estamos en constante lucha, y si no consigues mantenerte en la carrera es tu fin. *WELCOME TO THE JUNGLE!* La arena de gladiadores de la vida no tiene clemencia y tu única herramienta es la evolución. Debes ser fuerte, luchar, enfrentarte a todos, hay mucho en juego. Debes ser el mejor y no mostrar ni piedad ni solidaridad por tu oponente caído. SOBREVIVIR O EXTINGUIRSE. Y...

¿Qué? Espera, que mientras escribimos esto nuestro editor nos ha mandado un *mail*. Disculpa, querido lector o lectora. Un momento.

Ajam... Que esto es un libro de divulgación, que debe ser para todos los públicos y hay que fomentar la educación y el respeto. Que relajemos el tono. Vale. Entendido.

Figura 23. Rey Rojo en *Alicia a través del espejo*.

---

* Si mientras lees esto perteneces a otra especie, pues ponte las pilas, aunque... ¿Cómo diablos has aprendido a leer el lenguaje humano?

Dado que nos hemos puesto un pelín agresivos, vamos a intentar buscar un modo más pacífico de no extinguirnos y para ello utilizaremos una nueva hipótesis. Hablaremos de la hipótesis del Rey Rojo. Este personaje también aparecía en el relato de Alicia, pero a diferencia de su atareada esposa, él se presentaba como un señor arrugado y encogido que dormía y roncaba fuerte. Digamos que le gustaba tomarse la vida con calma.

Eso quiere decir que no hay que preocuparse e ignorar cualquier presión del entorno, ¿no? Pues tampoco. Hay que seguir evolucionando, pero sin agobios. Como bien recuerdas, antes hablamos de las relaciones interespecíficas (entre especies), poniendo como ejemplo dos relaciones antagónicas: depredador-presa y parásito-huésped. Pero también hay relaciones positivas entre especies, siendo las dos más conocidas la simbiosis y el mutualismo.

La simbiosis te tiene que sonar, pues uno de los principales villanos de Spiderman es Venom, un ser creado a través de la fusión de Eddie Brock y un simbionte alienígena. Aunque en la definición de simbionte ambos seres que componen la relación lo son, así que Eddie Brock también es un «simbionte» si hablamos con propiedad. En este caso, ambos seres, que pertenecen a diferentes especies, se unen con la finalidad de ayudarse en su objetivo, que es acabar con nuestro protagonista arácnido.

En la naturaleza también hay ejemplos de simbiontes, como es el caso de los líquenes, que son una mezcla entre un hongo y un alga. Ambos seres se benefician y complementan, el hongo proporciona protección y da consistencia a su estructura mientras que el alga realiza función fotosintética que aporta la energía al conjunto. De esta manera, pueden hacer frente al mundo de forma más cómoda, pues ambos se cuidan las espaldas, por decirlo de una manera.

Hablando de espaldas, otro ejemplo sería el mutualismo. Digamos que si tú me rascas la espalda, yo rascaré la tuya. En este caso tenemos de nuevo a dos especies, pero que no se han fusionado en un nuevo ser. Ambas son autónomas la una de la otra, pero reúnen unas características que hacen compatible su convivencia mejorando sus condiciones de vida. Un ejemplo sencillo al que siempre se recurre es el de los peces payaso. Estos viven en las anémonas venenosas (a las que son inmunes) las cuales los protegen; mientras que por otro lado, los peces se encargan de proteger las anémonas de peces que se alimentan de ellas. Son los vecinos perfectos, ambos se hacen favores de buena gana en un equilibrio basado en la cooperación.

Conviviendo así, la existencia es mucho más disfrutable, pues sabes que a tu lado tienes alguien en quien apoyarte. De nuevo esto no quita que las especies dejen de evolucionar. Pero con menor presión, su adaptación es más lenta y ambas especies coevolucionan en equipo sin prisa, obteniendo también en eso un beneficio, pues no están tan al límite de la supervivencia. Esta situación no excluye el fenómeno de la Reina Roja, simplemente lo hace menos agresivo, ya que se atenúa gracias a la compensación por la cooperación interespecie.

Y dirás, pues entonces la solución es encontrar un compañero de viaje para esto de la evolución y a disfrutar de las vistas. Sí y no. Por un lado, obviamente esto ofrece una menor presión y te ayuda a vivir tranquilo, sin embargo, sobrevivir sin cooperación tiene una ventaja, y es que evolucionas más rápido y te adaptas mejor ante cualquier eventualidad. Por otro lado, quien solo depende de sí mismo para sobrevivir tiene muchos más riesgos a corto plazo, pues cualquier tropiezo en la carrera armamentística y date por erradicado de la existencia, mientras que con un compañero si tropiezas, podrás apoyarte en él y continuar en la carrera.

Entonces, ¿cuál es la opción correcta? Pues no lo sabemos.

Las especies de nuestro planeta ofrecen tantas posibilidades y circunstancias que mires donde mires te encontrarás ejemplos de Reina Roja y Rey Rojo, y en todos ellos verás un sistema dinámico que funciona a la perfección. Si alguno de ellos fuera insostenible, la propia evolución ya hubiera descartado al que falla.

Pero hay una tercera hipótesis.

¡QUE LO HAGA OTRO!

Esta es la hipótesis más moderna de todas, surgida en 2011. Mientras que la Reina Roja y el Rey Rojo pueden coexistir, la hipótesis de la Reina Negra le lleva la contraria a todo. Como mencionamos antes, la idea del éxito es que haya buenos genes, y si esos genes se extienden en la especie mejor, pues todos tendrán esas ventajas adaptativas para salir adelante. Pero imagina que a la propia selección natural le diera por ponerse rebelde e impulsara la pérdida de genes.

El nombre de esta hipótesis no viene del cuento de Lewis Carroll, sino de la reina de picas y un juego de cartas llamado Corazones (el que venía en el Windows junto con el Solitario y el Buscaminas). El objetivo de este juego era acumular el menor número de cartas posibles, siendo la peor la reina de picas, pues vale muchos puntos y aquí se gana teniendo el menor número posible de ellos.

Basándose en esto, la teoría considera que en caso de algunos microorganismos, cuantos menos genes esenciales tengas, pues mejor.

—Y entonces, ¿quién realiza esas funciones esenciales?

—Excelente pregunta, querido lector.

Pues la hacen otros. Para ello hay que entender una comunidad bacteriana. Son miles o incluso millones de individuos todos juntitos en un mismo lugar. Todos comunicados entre sí. Todos se llevan superbién y trabajan unidos para sobrevivir. Pero dentro de esa comunidad hay algunos individuos que hacen lo justo para sobrevivir, ya sabes, siempre hay alguien en los trabajos en grupo que saca buena nota a costa de los demás. Porque ¿para qué sintetizar una molécula si tu compañero de al lado lo hace de buena gana y no te pide nada a cambio? De esta manera sobrevives gracias a los demás aunque carezcas de los genes aptos para sobrevivir tú solo.

Puede sonar a que hay unos caraduras dentro del grupo, pero en realidad para entenderlo mejor hay que enfocarlo como una fábrica. En una fábrica no todo el mundo tiene que saber hacerlo todo. Los que están en la recepción de materia prima no tienen por qué saber cómo funciona la zona de envasado, y los de esta zona no tienen que saber cómo funciona la zona de almacén.

Pues digamos que estos microorganismos serían una enorme fábrica en la que cada uno tiene su función, pero no todos ellos tienen todos los genes necesarios. Puede parecer egoísta o arriesgado, pero piensa que un grupo de microorganismos en una comunidad son algo tan compacto y unido que podría considerarse un único conjunto. Aquí aparece el concepto de pangenoma, es decir, el conjunto de genomas diferentes de un conjunto de individuos.

A nivel evolutivo, esto que plantean los microorganismos comunitarios es una buena idea o una muy mala. Piensa que los individuos por sí mismos tienen muchas limitaciones, si algunos de los responsables de producir una molécula fallan en su labor, la comunidad puede quedar comprometida. Imagina la fábrica de antes: si no hay nadie en la sección de envasado, toda la línea de producción se ve comprometida. Viendo el riesgo, esta estrategia de supervivencia no es tan habitual, y es en ambientes sencillos y estables donde se suele dar, porque si solo sabes hacer una cosa, no puedes aspirar a más.

Tras ver las tres hipótesis, sigue sorprendiendo lo increíble que es la naturaleza a la hora de sobrevivir. Pero a la vez nos enseña que no hay solución buena, todo depende de tu situación, tu entorno y quién te rodea. Pues en la naturaleza hay tanto aliados como enemigos. Lo importante es no parar de correr en esta carrera llamada evolución.

UN MENSAJE EMPONZOÑADO

La carrera armamentística no tiene por qué llevarse a cabo simplemente compitiendo por ser la gacela más rápida o el león más veloz. Hay guerras que se luchan a nivel molecular. Este es el extraño caso de una planta (*Arabidopsis thaliana*) típica de laboratorio y un hongo (*Botrytis cynerea*) que es capaz de infectar hasta 200 especies de plantas, entre ellas muchas de nuestras cosechas. De hecho, este hongo seguramente te suene, ya que es el que causa esa especie de algodoncito blanco en varias verduras y frutas, como en las uvas o el tomate.

Como curiosidad, hay un tipo de vino, llamado vino de podredumbre noble, que se hace sobre todo en Hungría, pero también existen algunos en otros lugares (incluido España) donde lo que se suele hacer es que se deja que la uva se «pudra» un poco en la vid. Esto hace que salga botritis y la uva se deshidrate. Una vez alcanzado el nivel de deshidratación requerido, se procede a la producción del vino. No los hemos probado, pero se supone que estos vinos tienen un dulzor y unos aromas específicos causados por esta técnica.

Pero volviendo a la Reina Roja, un estudio demostró que el hongo produce unas partículas llamadas vesículas extracelulares. Estas vesículas son una especie de gotículas que llevan «cosas» dentro, productos celulares. Esas «cosas» suelen ser desechos celulares que no se necesitan más, pero en este caso se ha visto que llevan moléculas muy específicas. Llevan moléculas de ARN con información para las células de la planta que está infectando. Lo curioso de este sistema es que estas gotículas se fusionan con la célula diana quiera esa célula o no. No lo pueden evitar, y por tanto la cadena de ARN entra en la célula atacada.

Una vez dentro de la célula, esta molécula de ARN es leída por la maquinaria de la planta y se producen los efectos, ya sea formar una proteína o suprimir ciertas rutas metabólicas. Y esto tampoco lo pueden evitar. Es un proceso silencioso. La maquinaria de la planta solo está haciendo su trabajo. La verdad es que recuerda muchísimo a un virus. Un virus lanzado por un hongo, que no olvidemos, es una célula eucariota.

Las plantas que reciben estas vesículas con ARN del hongo son mucho más susceptibles a ser infectadas que si no las reciben, ya que suprimen parte de su sistema inmunitario, que les ayuda a defenderse contra la botritis. A su vez, las variantes del hongo que han perdido la capacidad de enviar estas señales emponzoñadas tienen menor capacidad infectiva para varias plantas, incluido el tomate.

Lo curioso es que también sabemos que la planta es capaz de mandar señales en vesículas extracelulares que de alguna manera frenan la infectividad del hongo. Parece que está ocurriendo una guerra a nivel micrométrico entre planta y hongo.

Los expertos piensan que la evolución de los genes que controlan la producción de estas vesículas de ARN están siendo seleccionados en ambas especies a modo de guerra armamentística.

Esto puede parecer algo increíble, pero la verdad es que se está viendo que esta manera de enviar señales (tanto positivas como negativas) es más común de lo que creíamos. El ARN dentro de vesículas se usa de manera casi universal en todos los reinos. Es una manera muy interesante de comunicarse, ya que el ARN es una molécula muy inestable y dura poco tiempo. Pero esto más que una desventaja es una característica. El mensaje que mandan es un mensaje a tiempo real. En muchos casos se ha visto que se utiliza para avisar a los organismos de sus alrededores, como, por ejemplo, la presencia de alimento, temperatura, lo que sea. Y no tiene sentido enviar mensajes que duran semanas, cuando estas situaciones cambian en cuestión de minutos u horas.

10. ¿POR QUÉ EL T-REX CRUZÓ LA CARRETERA?

Imagínate que eres un tiranosaurio rex. ¡Uy! No podrías leer este libro porque al sujetarlo con tus bracitos no verías las páginas. Pero a ver, ¿para qué quieres leer siendo uno de los depredadores más bestias del Cretácico? (Sí, el rex es de esa época y *Parque Jurásico* te ha hecho vivir una vida de mentiras). Tú eres lo más de lo más de tú época. Alto, fuerte, ¿guapo? Y con una sonrisa capaz de despedazar a un triceratops en minutos.

Figura 24. Suena a chiste, pero es ciencia.

Y un buen día, miras hacia arriba y ahí está... El meteorito, el puñetero meteorito. La cosa pinta mal, no te vamos a engañar, seguramente es tu fin. Por suerte no es el fin del planeta. Es probable que la cosa vaya a pintar muy mal durante algunos siglos, pero otras especies van a evolucionar poquito a poco y van a conseguir sobrevivir para llegar hasta nosotros.

Y tú, querido tiranosaurio rex, te convertirás en un fósil. Sin embargo, no es el fin de los dinosaurios, pues algunos primos tuyos, de los que te reías porque se veían graciosos con plumas, acabarán teniendo pico y reproduciéndose mientras ponen huevos de tamaño ideal para hacer tortilla de patatas.*

Bien, ahora chasquearemos los dedos y dejarás de ser un tiranosaurio.

¡SNAP!

Pues como te contábamos, a los dinosaurios se les puso un poco la existencia cuesta arriba, pero no para todos. Unos pocos empezaron a echar plumas, siendo quizás el más conocido el *Archeopteryx*. Este es un género extinto de un individuo que parece mitad dinosaurio y mitad ave, pero que en absoluto tiene nada que ver con un grupo de galos que resistían a la invasión romana con su poción mágica. Ahora pensarás «Pues vaya, de ser unos animales brutales cambiaron a ser simples pájaros. ¡Qué decepción!». Pero lo que cuenta no es lo poderoso que seas, sino no extinguirte como ya habíamos mencionado.

Así que, el tiranosaurio cruzó la carretera para convertirse en una ¿gallina? No, para sobrevivir gracias a la evolución.

NO SOY ANTIGUO, SOY *VINTAGE:* LOS FÓSILES

Y, sí, no hemos hablado de dinosaurios por casualidad. Hemos decidido usarlos como ejemplo porque en primer lugar los dinosaurios molan, y en segundo lugar porque vamos a hablar de fósiles. Y en los museos de ciencias naturales son lo más llamativo que ves cuando los visitas. Aunque si somos sinceros, hay fósiles de casi todo, ya lo veremos luego. Pero las fotos para Instagram lucen mejor con un cráneo de triceratops que con un triste helecho fosilizado.

Por si alguien anda perdido, los fósiles son la clase de historia de la biología. Dicho así suena muy poético, pero somos

---

* La tortilla de patatas con cebolla siempre, la cebolla es un ingrediente perfecto. Podríamos justificártelo científicamente con varios estudios, pero este libro no trata sobre tortillas.

científicos y tenemos que ponernos técnicos. Así que, vamos a explicar de forma rápida y sencilla qué es un fósil y cómo se forma.

Vamos a ver cómo es la receta para crear un fósil:

Ingredientes:

— Un ser vivo, aunque si no tienes a mano siempre puedes utilizar cosas como huellas o restos similares.
— Muchos sedimentos. Nos sirve arena, lodo o cenizas volcánicas (si os gusta el picante).
— Aguas subterráneas ricas en minerales.
— Perejil (opcional).

Pasos:

— En primer lugar, agarras al organismo y haces que ya no siga tan vivo (el método lo dejamos a tu elección, pero que parezca un accidente), y a continuación lo depositas sobre un lecho de sedimentos.
— Después recubres los restos con más sedimentos, pero hazlo rápido, antes de que empiece a descomponerse.
— Después comprime los restos sedimentarios durante un par de millones de años, si te pasas un poco de tiempo no te preocupes, no es necesario que esté *al dente*.
— Ahora echa el agua rica en minerales para que se filtre bajo los sedimentos, este paso es clave, porque con ello aseguramos que haya una buena permineralización, que es el proceso de precipitarse minerales en los restos sólidos que no se han descompuesto.
— Unos pocos millones de años más.
— Servir a los paleontólogos en raciones completas.
— Añadir el perejil fresco al gusto.

Figura 25. Proceso de formación de un fósil.

Lo de las raciones completas no lo decimos porque los paleontólogos sean de buen comer, sino porque cuantas más piezas reúnas de un espécimen, mejor será su identificación. No es lo mismo un esqueleto completo que un hueso de un dedo. Aunque como hemos dicho, puede haber fósiles de muchas cosas y todo suma, hasta un coprolito (caca fosilizada, sí, la caca también puede fosilizarse). ¿Y te acuerdas cuando antes mencionamos los cladogramas, la anatomía comparada y todo lo demás? Pues ahora lo pondremos en práctica.

Cuando hablábamos de filogenia, nos referíamos a ella como un método de clasificación. Pero esa clasificación es más que un método para ordenar especímenes de todo tipo. También es un método genial para averiguar que algo evoluciona. Porque esa es la gran pregunta: ¿cómo sabemos que algo evoluciona?

Ahora irás de listo y dirás: pues porque lo dijo Darwin.

Obviamente.

Pero nosotros nos referimos al hecho de saber qué animales proceden de cuáles. Porque si ves un esqueleto de un megalodón y de un tiburón actual, son prácticamente iguales pero de distinto tamaño. Pero ahora imagínate una gallina, ¿qué tiene que ver una simple gallina con un T-Rex?, pues a simple vista nada. Y aquí entra un batallón de científicos que se van a poner a trabajar para responder a todas tus preguntas.

¿DE DÓNDE VENIMOS Y A DÓNDE VAMOS?

Al fin hemos llegado aquí, a la gran cuestión clave con la que persiguieron a Darwin durante años. ¿Venimos del mono? Pues la respuesta es sí, sí, sí pero no. Digamos que somos primos en el mencionado arbusto familiar. Si esto fuera una película de juicios, tendríamos suficientes pruebas para determinar que el mono es el culpable de nuestra evolución. Entendiendo «mono» como un concepto de primate que tarde o temprano acabó pasando a ser un homínido. Pero no podemos hablar de que venimos de los actuales monos, sino que en nuestro arbusto familiar nosotros somos la rama que decidió empezar a andar erguida y a desarrollar el cerebro.

Seguro que alguna vez has oído hablar del término «eslabón perdido». Eso se refiere a que entre el mono y el homínido existió una criatura que fue clave para el cambio de simples animales a humanos, una especie intermedia que reuniría rasgos de primate y homínido. Es un término antiguo que se hizo muy famoso entre los opositores de la teoría evolutiva de Darwin, pero con el paso del tiempo quedó atrasado, pues ahora sabemos que la evolución no es una línea recta.

En cuanto a concebir el eslabón perdido como esa frontera entre el paso de animales a humanos como algo superior es una tontería porque, ¡oh sorpresa!, nosotros también somos animales. Los humanos no somos más especiales que una tarántula o un jabalí, somos un simple animal más, lo que pasa es que hemos conseguido, gracias a nuestro cerebro, convertirnos en la especie «dominante» de nuestro planeta.

Pero somos una rama más del arbusto con un antepasado común, del que somos primos cercanos de chimpancés y bonobos, por ejemplo.

Y esto lo sabemos gracias a la progresión de los fósiles, pues en yacimientos tan importantes como el de Atapuerca se concentra mucha información. Con esta información podemos hacer dos cosas muy útiles: comparar y datar. Podemos compararlos con otros fósiles, situados próximos geográficamente, para encontrar similitudes gracias a la anatomía comparada. Y también podemos datar las muestras, lo que nos permite situarlas históricamente. De esta manera vamos agrupando lo que se parece y ordenarlo de más antiguo a más nuevo.

Figura 26. Modelo demasiado simplificado de la evolución del ser humano, la realidad es más compleja.

Ahora entiendes el porqué de la dificultad de clasificar al ornitorrinco en su momento. ¡Ese animal tiene piezas de todas partes! Tiene pico de pato, cola de castor, cuerpo de nutria y encima PONE HUEVOS. Es el infierno de la anatomía comparada. Y a pesar de todo, el sistema funciona, y eso que esta criatura casi lleva a Darwin a la locura. Pero en la actualidad, gracias a los recientes registros fósiles, se ha podido seguir el rastro evolutivo e histórico de sus antepasados para saber cuál es el origen de esta «cosa».

El método funciona y, por eso, se aplica constantemente. Pero eso sería excavar solo la superficie (¿lo pillas? Porque son fósiles, ja, ja, ja). Ya no vivimos en el siglo XIX, ahora tenemos tecnología punta, y mentes excepcionales dignas de un Nobel. Y no lo decimos a la ligera. En 2022, el investigador sueco Svante Pääbo se llevó el Premio Nobel de Medicina gracias a un genotipado de neandertales. ¡Esta es la llave maestra de la evolución!

Un genotipado es el análisis total del ADN de un individuo, lo que permite conocer la totalidad de los genes que forman parte de un organismo. ¿Sabes lo que eso supone? Si obtenemos material genético de restos de diferentes seres vivos, podremos hacer un seguimiento absoluto de cómo las especies han ido cambiando en el tiempo a nivel genético y paso a paso. Podremos ir comparando genes y proteínas tan en detalle que llegaremos a identificar el mínimo cambio. Con eso seremos capaces de determinar en qué momento cambian las especies, el momento de su evolución.

Así que, con todas estas metodologías, junto a nuestros parientes primates —de los que podemos tomar muestras genéticas para comparar— y a lo que hay que añadir la enorme cantidad de yacimientos que se han datado y ordenado en el tiempo, podemos decir sin ningún temor que venimos de un «mono», que a la vez es un antepasado común de los primates actuales.

En cuanto a la pregunta sobre a dónde vamos. Ojalá tuviéramos respuesta. Esperemos que nuestro destino no sea la extinción, aunque el ser humano haga verdaderos esfuerzos para extinguirse a sí mismo. Crucemos los dedos.

EL CUENTO DE LA LIEBRE Y LA TORTUGA

Todos hemos oído el cuento de la liebre y la tortuga, la historia de cómo dos animales tuvieron que demostrar quién era mejor según su velocidad. A estas alturas del libro sabrás que nadie es mejor que nadie. La idea de comparar las velocidades de estos animales es igual de absurdo que comparar cuál tiene más resistencia en su caparazón; obviamente, la liebre no tendría una oportunidad comparada con la tortuga. La fábula no quiere ser evolutivamente correcta, simplemente quiere enseñarnos que la paciencia y la perseverancia te llevarán al éxito, mientras que la prepotencia y la pereza te harán perder. Pero en la evolución ¿qué es más importante, ser rápido o ser lento?

Pues si la evolución fuera un animal de la fábula sería un engendro híbrido entre los animales de la historia. Por un lado, la evolución es lenta como una tortuga, va poquito a poco y requiere de muchas generaciones, se toma su tiempo. Pero también tiene algo de liebre, porque llegado el momento da un salto evolutivo muy significativo que da un verdadero empujón a las especies y les permite avanzar mucho. Pero al igual que en el cuento, se echa a dormir mientras la tortuga sigue sin parar avanzando de fondo. De esta manera, la evolución sigue actuando, pero con dos ritmos diferentes.

GRADUALISMO: LA TORTUGA DE PROGRESIÓN LENTA

Este término define un proceso de cambio lento pero seguro. Y cuando decimos lento hablamos de un proceso que puede llevar muchas generaciones. Si hablamos de especies complejas de las que utilizamos registros fósiles, podemos estar hablando de miles o incluso millones de años. Este concepto le gustaba mucho a Darwin, pues reforzaba su idea de selección natural.

Esta teoría pone el foco en los cambios acumulativos, pequeños pero constantes. Muchas de estas modificaciones no se notan a nivel individual, pero en una población en conjunto se vuelven lo bastante significativas para que podamos decir que ha habido una «evolución». El gradualismo eliminaría el concepto de eslabón perdido, ya mencionamos que no habría un momento concreto en el que a partir de la especie A surgiera la especie B.

En este constante proceso de ensayo y error, se permite ir perfeccionando el modelo mediante la aceptación de cambios beneficiosos y la eliminación de desventajas o cambios perjudiciales. Aquí la selección natural cobra verdadera importancia porque se dedica a ir presionando para determinar qué pasa el corte y qué se queda fuera.

EQUILIBRIO PUNTUADO: LA LIEBRE DE GRANDES SALTOS

Esto fue propuesto en 1970 por un par de paleontólogos llamados Niles Eldredge y Stephen Jay Gould. Su idea es que la evolución es brusca y súbita, se podría decir que va a saltos. Ellos apoyan que en periodos de tiempo cortos hay grandes cambios y luego la evolución se toma un descanso hasta el siguiente salto.

Esto puede resultar chocante, pero no es tan alocado como crees (hemos escrito un interludio con un caso real). Sin duda, la evolución siempre avanza y está en constante acción, pero en ocasiones las cosas se ponen muy feas. Feas del tipo cataclismo planetario por un meteorito. Ya sabes lo que dicen, situaciones desesperadas requieren medidas desesperadas. La teoría a la vez sugiere que si no hay un elemento significativo de presión, entonces las especies pasan a un estado donde permanecen estables en el tiempo.

Estos grandes cambios pueden significar mucho. Es un acelerón que cambia casi de la noche a la mañana a tu especie. De esta manera se consigue que el cambio brusco que pueda condenarte pase a ser un problema que es posible esquivar.

Figura 27. Gradualismo y equilibrio puntuado conviviendo de forma pacífica.

Parece que esta teoría choca frontalmente con lo que hemos planteado hasta ahora, pero es todo lo contrario. Ambas teorías son compatibles entre sí, pues la evolución es un proceso permanente y gradual, y a la vez las situaciones límite impulsan a las especies a forzar la maquinaria, adaptándose a causa de una fuerza mayor como una extinción. A diferencia de nuestra carrera animal tradicional del cuento, aquí la tortuga y la liebre se llevan bien y conviven de forma pacífica.

NECESITAREMOS UN *HACKER* EN EL EQUIPO

Nos encanta el cine. Y las pelis de atracos son de nuestras favoritas. Un grupo de individuos especialistas en diferentes campos que se unen para dar un golpe maestro. Pero hay algo en estas pelis que ha cambiado con el tiempo. Los miembros del equipo siempre suelen ser los mismos: el jefe, el tipo con músculos, el especialista al volante, el que sabe abrir cajas fuertes, el tirador experto en armas... En el pasado no había una figura que actualmente es imprescindible: el *hacker*. Es un hecho de nuestro mundo contemporáneo, los ordenadores son el presente. Y la biología no va a ser menos.

Hablemos de la bioinformática. Y no, no es como la informática pero en bío. Sin duda, es una aplicación de las ciencias computacionales a la biología, pero eso suena redundante. Actualmente, la bioinformática va ganando cada vez más puestos en la biología y la bioquímica tradicional. Se trata de un campo multidisciplinar en el que conocimientos relativamente alejados como la informática, la química, las mates o la biología se juntan para obtener una manera nueva de estudiar las cosas.

La bioinformática es la rama de la ciencia que usa la informática (es decir, mayor capacidad de analizar los datos) para aprender algo sobre la biología y la bioquímica. La razón por la que es necesario usar el poder computacional es porque la cantidad de datos que se analizan puede llegar a ser enorme y, por tanto, es complicado entenderlos sin un análisis más profundo basado en fórmulas matemáticas y estadística.

Por ejemplo, las ómicas. Son grandes cantidades de datos basadas en ADN (genómica), ARN (transcriptómica), proteínas (proteómica), metabolismo (metabolómica), etc. Son bases de datos generadas por la lectura de información de decenas, cientos, miles o millones de células o individuos. Estos datos pueden luego compararse entre sí y estudiarse.

Imagínatelo como si fueran apps de móvil. Ahora hay apps para todo, desde mapas, recetas, ligar, juegos, música... Pues la bioinformática hace algo parecido. Pongamos que queremos estudiar la evolución de un gen en particular a lo largo de muchas especies, un gen cuya secuencia conocemos. Podemos obtener todos los genomas que conozcamos (porque muchos están en bases de datos públicas). Después le proponemos a nuestro programa bioinformático que escanee esos genomas y busque ese gen, con secuencias más o menos similares a la que le indicamos, hasta que ya no encuentre nada con similitud. Según nuestras necesidades, a veces ya existen programas así o, si no hay ninguno que se ajuste a lo que necesitamos, lo tendrá que programar el propio científico. Después le pediremos que nos ordene los resultados por parentesco, es decir, por similitud de secuencia. Así los tendremos dispuestos de forma fácil de entender y de estudiar.

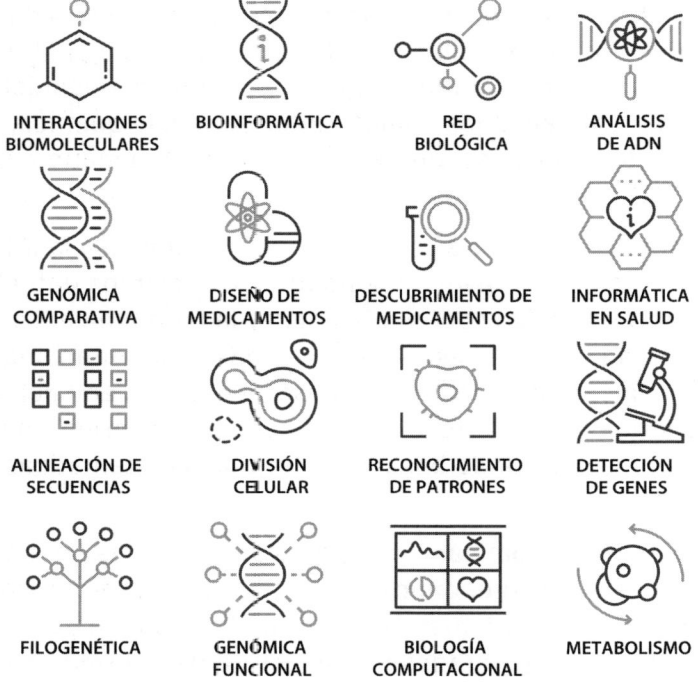

Figura 28. Las últimas tecnologías nos ofrecen múltiples posibilidades y opciones.

Podemos tomar el gen de un organismo (ejemplo, humanos) como el punto de partida y el programa irá encontrando secuencias más similares y menos similares y podrá ir trazando el arbusto filogenético enfocándose únicamente en la secuencia de ESE gen. Esto nos ayuda a crear relaciones evolutivas enfocándonos en una característica en particular.

A esto hay que añadir que estamos en la era de la inteligencia artificial, una tecnología que avanza a pasos agigantados. Y no solamente avanza gracias a toda la inversión y conocimiento empleados. La verdadera clave de su desarrollo es su capacidad para aprender. Una IA aprende gracias al *feedback* y los datos que se le dan, y los científicos tenemos datos para aburrir. Así que se la puede entrenar para ser más rápida que los humanos desarrollando modelos predictivos. Esto es clave en los análisis moleculares para entender los procesos evolutivos.

Pongamos un caso práctico que ya conoces para que entiendas de dónde podríamos sacar muchos datos:

¿Recuerdas el experimento de Richard Lenski que vimos en el capítulo 1? Este investigador lleva casi cuarenta años recopilando muestras de *Escherichia coli* para estudiar su evolución a lo largo de muchísimas generaciones. Como puedes imaginar, la cantidad de datos que se han obtenido y se obtendrán en este experimento son brutales. No sabemos cuántos gigas (o teras) de espacio puede tener acumulados, pero sin duda su valor es excepcional. Esta enorme cantidad de datos solo puede estudiarse mediante modelos matemáticos y estadísticos. La bioinformática compara los genomas de cada cepa con su generación anterior, y cada cepa con sus compañeras. De esta manera se van identificando cambios en la secuencia de los genomas, con qué velocidad se producen estos cambios y también qué efecto producen estos cambios en las bacterias. ¿Son más grandes o han cambiado su metabolismo? Imagina comparar genomas letra a letra sin la ayuda de la computación. ¡Te daría un jari!

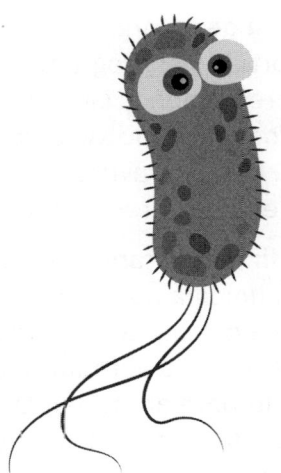

Figura 29. *Escherichia coli* es tan maja que además de convivir con nosotros en nuestro intestino también nos ayuda en la investigación.

Pero la bioinformática puede extrapolarse a casi infinitos campos como los tipos de cáncer, de los que hay muchos expedientes de pacientes; estudio de poblaciones; aplicaciones moleculares; modelos ecológicos de interacciones de especies; enfermedades raras; riesgos cardiovasculares... Si se pudiera extrapolar a predicciones deportivas ganarías prácticamente todas las quinielas, eso sí, necesitarías una cantidad masiva de estadísticas, datos e incluso información personal de los jugadores para crear un modelo capaz de ser un visionario de qué equipo ganará el próximo partido.

Y si a esta mezcla de modelos matemáticos le añadimos la velocidad a la que aprende la IA, podemos decir que el futuro es prometedor. La IA ahora permite hacer casi de todo, porque su capacidad de «entender» todos estos datos es mayor que la nuestra, es capaz de gestionarlo todo y proyectar posibilidades que cada vez se aproximan más a la realidad, siempre y cuando los datos sean lo bastante buenos y fiables. Porque si no, nos estamos haciendo trampas al solitario a base de retroalimentarnos con datos erróneos.

Esto demuestra que la tecnología moderna nos permite entender el pasado y aquello que lo compone. O, incluso, predecir el futuro. ¡EL FUTURO! Porque esa es otra, imagínate que podemos encontrar patrones que nos indiquen hacia dónde va nuestra especie o cualquier otra, saber qué será de nosotros en cientos, miles o millones de años. Es emocionante plantear estas posibilidades. La ciencia cuesta, pero soñar es gratis.

EVOLUCIÓN A MARCHAS FORZADAS

¿Sabes que la evolución también puede ocurrir muy deprisa? Efectivamente, si las condiciones son propicias, se pueden dar cambios mucho más rápido de lo que imaginamos. Lo vamos a ver ejemplificado en una planta llamada aguileña azul de Colorado (*Aquilegia coerulea*). Es una planta herbácea que da unas flores preciosas, con unos pétalos blancos que acaban por abajo en un órgano llamado espolón de néctar. El espolón es una «bolsa» donde se guarda el alijo dulce como premio para los polinizadores. Debajo tienen unos sépalos (hojas transformadas en pseudopétalos) azules muy bonitos.

Resulta que los investigadores se dieron cuenta de que en esta especie en particular, había cada vez más especímenes que no tenían los pétalos blancos (y por tanto, iban sin alijo de néctar por la vida), y que quedaban solamente los sépalos azules. Esto suele ser común en un porcentaje bajo de este género de plantas, porque al no tener los sacos de néctar, resulta que los polinizadores van menos a esas flores y, por tanto, están en desventaja (producen menos descendencia). Pero en el caso de nuestra preciosa aguileña azul había por lo menos dos tercios de flores sin pétalos. Eran demasiados si en teoría producían menos descendencia. Los científicos empezaron a sospechar que esto no era casualidad.

Se pusieron a investigar, y vieron que un único cambio genético en el gen APETALA3-3 ocasionaba este cambio tan brusco (pérdida de pétalos y de espolones). El gen simplemente estaba desactivado en la versión sin pétalos/espolones.

Descubrieron que la pérdida del pétalo es un carácter recesivo (si has estado atento en el capítulo de Mendel, sabes
de lo que hablamos), lo que significa que para que eso ocurra tienen que tener las dos copias de este alelo inactiva-
das. Si solo tienen una versión inactiva y una activa, a esta
flor le salen los pétalos. Como te puedes imaginar, siendo
un carácter recesivo lo normal es que ocurra en un porcentaje bajo de la población.

A no ser... Sabemos que tú también lo estás pensando...

¡Eureka! A no ser que, efectivamente, tenga una ventaja
evolutiva respecto al carácter dominante.

En este momento seguramente los investigadores se quedaron mirando los resultados mientras se rascaban la cabeza o se acariciaban el mentón. Muy concentrados. ¿Cómo
podría un carácter recesivo que disminuye la presencia de
polinizadores dar una ventaja evolutiva a una planta? Aquí
hacía falta trabajo de campo. No todo puede hacerse en el
laboratorio. Así que colgaron sus batas de biólogos de laboratorio, se pusieron sus botas de biólogos de campo, guar-
daron sus lupas, cámaras, cuadernos de campo y bolígrafos
en una mochila y se pusieron manos a la obra.

Estuvieron durante varios días observando a las aguileñas
en su medio natural. No debió ser tan emocionante como
grabar a una manada de leones, al fin y al cabo eran flores,
pero pudieron averiguar cuáles eran sus principales polinizadores y también qué clase de animales las depredaban.
Es cierto que a la versión sin pétalos acudían algunos polinizadores menos, pero no era muy exagerado. Descubrieron
también que tenían tres archienemigos principales que se
las comían parcial o totalmente mermando sus posibilidades de supervivencia: las orugas, los pulgones y los ciervos
(sabemos que te los estás imaginando con un antifaz oscuro acechando a la pobre aguileña).

El gran descubrimiento fue cuando se dieron cuenta de que
dos de esos tres depredadores (los ciervos y los pulgones)
preferían comerse la planta con espolones de néctar que la

versión sin ellos. De manera que la cantidad de flores sin pétalos que sobrevivían era mucho mayor que la versión salvaje con pétalos. Tiene sentido, el néctar es un rico jugo dulce proveniente de Perséfone, la diosa griega de la primavera. Si nosotros fuéramos ciervos también querríamos néctar en vez de una simple flor con sabor a césped.

¡Esto lo explicaba todo! Esta sencilla mutación (un gen que se activa o inactiva) ha sido capaz de producir un carácter que, aunque recesivo, aumenta las probabilidades de supervivencia muy por encima de la versión salvaje.

Y lo que está ocurriendo con esta flor es que la versión recesiva está extendiéndose mucho más rápido que la original. Puede que en unas pocas décadas apenas queden flores con el pétalo original. Este cambio ha sido extremadamente rápido. Y si se formaran fósiles de hace 30 años y fósiles de dentro de 30 años, al compararlos pensaríamos que son especies distintas, ya que visualmente son muy diferentes.

Con esto queremos ilustrar que un pequeño cambio genético puede dar lugar a un gran cambio fenotípico si las circunstancias lo permiten. Como ves, el ambiente ha cobrado una gran importancia en este ejemplo particular. Sin polinizadores y depredadores, esta flor no podría ser la protagonista de esta historia.

La moraleja de la historia de la aguileña azul es que la evolución también puede ocurrir rápido. Y además, si muchos pequeños cambios se acumulan en un periodo de tiempo corto, sería posible tener cambios bruscos que lleven a especiaciones cuyos «eslabones intermedios» sean imposibles de ver, ya que han ocurrido muy rápido (en tiempo geológico y evolutivo, claro).

11. ATRAPADOS EN EL PASADO: REGRESEMOS AL FUTURO. ¿Y SI NO EVOLUCIONAS?

¿Alguna vez te han dicho «Tú antes molabas, has cambiado»? Nos ha pasado a muchos. Pero cambiar y crecer es algo inevitable y, la mayoría de las veces, positivo. ¿Te imaginas teniendo la mentalidad de adolescente durante toda tu existencia? Sería imposible manejarse por la vida. Aunque algunas personas se quedan estancadas en esa etapa, quedando patente que no son personas funcionales para una vida adulta, pero eso es tema para otro debate. Las experiencias nos cambian porque aprendemos de ellas. Y lo mismo ocurre con la evolución. Es técnicamente imposible no evolucionar, aunque sea simplemente acumulando errores pequeños en el genoma, sin cambios notables en la fisiología.

EL ANIMAL PERFECTO

Pero sí es cierto que hay especies que están muy bien adaptadas al medio en el que viven y, por tanto, las mutaciones suelen traer cambios que no se seleccionan tan fuertemente. Digamos que les va tan bien que no necesitan mejorar, son de lo bueno lo mejor, y de lo mejor lo superior. Esto suele ocurrir en especies que viven en medios muy estables, como pueden ser las profundidades marinas. Estas especies llevan millones de años sin cambios climáticos, ni de presión, ni de luminosidad. Ni siquiera la cantidad de comida que llega allí abajo suele cambiar demasiado, por lo que suelen ser ecosistemas bastante bien regulados que propician pocos cambios en los individuos. ¡Ojo! Pocos, que no ninguno.

Es como si vivieran en una burbuja temporal donde el tiempo no pasa. Una especie que cambia poco en el tiempo suele además tener un ciclo reproductivo largo. No podemos pretender que una bacteria que se reproduce cada media hora se pase miles de años sin cambiar. Porque es mucho más probable que en tantísimas generaciones haya alguna mutación casual lo bastante significativa como para que se produzca un cambio que incluso pueda dar lugar a una nueva especie. Por tanto, las especies más estables suelen ser organismos superiores, como plantas o animales.

Estas especies que cambian poco se han denominado fósiles vivientes. Un fósil viviente es un grupo con individuos vivos que se asemeja morfológicamente a especies relacionadas conocidas solamente por el registro fósil. Para definir a una especie bajo este término, tiene que existir un registro fósil continuo, y la especie fósil debe ser antigua.

Un ejemplo de especie que cambia poco son algunos tiburones. Ciertos estudios muestran que hay especies de tiburones que tienen una tasa de mutación muy por debajo de la media para el mundo animal. Esto les confiere la habilidad de mantenerse igual durante mucho más tiempo que otras especies, pero si lo piensas bien, esto puede ser también una maldición. Imagina que hay un cambio brusco en el clima de una zona donde vive una especie de tiburón (un cambio climático brusco en la Tierra, por ejemplo, que afecte a todas partes). Si la tasa de mutación es baja, esto significa que seguramente la variabilidad genética de esta población será también pequeña. Y ya hemos aprendido que esto es malo. Ante los cambios lo mejor es siempre tener diferentes opciones, una escala de grises. Ser todos demasiado parecidos es la manera más fácil de caer si algo cambia rápidamente.

Esta es una lección muy importante de la naturaleza. Podrías pensar que un tiburón es perfecto. Grande, fuerte, escamas duras cual blindaje, con unos dientes que cortan como cuchillos, un olfato excepcional y pueden nadar hasta a 56 km/h. Y por si esto fuera poco, tienen una cosa llamada ampollas de Lorenzini, que les permiten identificar y localizar impulsos eléctricos bajo el agua. Vamos, que vienen con una especie de radar incorporado que detecta movimientos bajo el agua. Un tiburón es una máquina de matar perfeccionada hasta el límite. Pero ese ideal tiene un enorme punto flaco, no evolucionan rápido. Son seres especializados al máximo, pero solo saben hacer eso, si los sacas de ahí son como un pez fuera del agua. Eso demuestra que por muy fuerte y perfecto que seas, llegar a ese límite puede ponerte en verdadero riesgo.

Los propios humanos estuvimos un par de veces al borde del abismo durante nuestra historia. De hecho, se cree que hace un millón de años, nuestros antepasados tuvieron una población efectiva (cuyos genes llegaron al presente, pero había más individuos vivos) de 10 000 humanos. Esto ha ocasionado que los humanos, a pesar de que parecemos bastante variaditos, no lo somos realmente comparados con otras especies. Por ejemplo, nuestros primos los chimpancés, de cuyos ancestros nos separamos hace unos 8 millones de años, son mucho más variados genéticamente que nosotros. Y en la variedad está el gusto, y el éxito evolutivo.

LA EVOLUCIÓN «INVISIBLE»

Otra cosa a tener en cuenta es que las especies que no cambian, sí pueden estar haciéndolo en términos que nosotros no podemos medir en los fósiles. Imagina que encontramos varios fósiles con millones de años de separación. Estos fósiles son parecidos a un cangrejo cacerola (*Limulus polyphemus*). Los analizamos y mediante medidas y diferentes técnicas, llegamos a la conclusión de que no son parecidos, sino que son iguales. Las diferencias entre ellos no son suficientes como para poder decir que son especies diferentes. Y de hecho, estos cangrejos son considerados fósiles vivientes porque apenas han cambiado en muchísimo tiempo.

Pero estamos hablando de fósiles, que nos dan una información determinada y nada más. Es una visión útil pero sesgada de la evolución. Imagínate que nos describimos a nosotros, ambos tenemos 2 brazos, 2 piernas, 2 ojos, 2 orejas, una boca con dientes... Estos rasgos definen al 99 % de la población humana. Si nos basamos en eso podríamos decir que todos los humanos son iguales. Y podríamos seguir sacando rasgos que coincidirían con cualquier otro homínido. Pues con los fósiles ocurre algo muy parecido. Nos dan una información, pero solo se basa en una parte visible.

De hecho, la materia orgánica termina convirtiéndose en piedra, por lo que muchísimas de las características terminan perdiéndose. ¿Y si los colores eran radicalmente distintos, pero nosotros no podemos verlos? ¿Y si los metabolismos, o los órganos internos no eran para nada similares? Una pregunta interesante sería: ¿podrían reproducirse entre sí?, o ¿cómo de alejados están realmente a nivel genético? En realidad, esta última es la pregunta más relevante en evolución, ya que hemos visto casos de especies que llevaban muchos años separadas y se pudieron reproducir entre ellas. Como hemos dicho, esto hace que se pierdan muchas pruebas en nuestra investigación forense evolutiva, pero no les quita valor a los fósiles, de lo contrario, no serían tan valiosos y estarían en los museos, ¿no?

Es más, después de décadas investigando fósiles de dinosaurios, solo hace poco nos hemos dado cuenta de que puede que muchos de ellos tuvieran plumas, para algunos especímenes es algo obvio, pero para otros tampoco está tan claro. Recientemente se ha descubierto la cola de un dinosaurio preservada en ámbar (como el mosquito de *Jurassic Park*) en la que se observaba claramente que tuvo plumas. Esto ha sido la prueba definitiva, ya que los fósiles son aplastados y deformados por las fuerzas de rozamiento, de cizalla y, por supuesto, del tiempo. En los fósiles no puedes ver muchos pequeños cambios que ocurren a nivel celular. Y estos cambios pueden ocasionar barreras reproductivas. Pero el ámbar es la resina cristalizada de los árboles, y eso se conserva intacto hasta nuestros días.

En el caso del cangrejo cacerola. Puede ser que su antepasado tenga cromosomas de más o de menos comparado con el moderno, o un metabolismo concreto, o mecanismos celulares concretos, pero si solo comparamos su aspecto puede que se vean igual, aunque eso no significa que lo sean realmente. O puede que los cambios se hayan dado principalmente en ADN no codificante y esto haya repercutido poco en la fisiología del animal, por lo que sus cambios no serían apreciables en el registro fósil.

Lo que sí está claro es que las características de esta especie de cangrejo son excepcionalmente útiles para su ambiente, ya que no han cambiado durante muchísimo tiempo. Eso quiere decir que nuestro amiguito se desenvuelve bien allá donde va. Por otro lado, esto también nos da mucha información de su ambiente, si no ha habido cambios quiere decir que su ambiente es estable y sus relaciones interespecíficas se han mantenido en el tiempo.

¿IR HACIA ATRÁS?, NI PARA COGER IMPULSO

A veces nos han preguntado si podríamos involucionar para volver a ser primates no humanos, como, por ejemplo, un chimpancé. Y la respuesta es no. Podríamos evolucionar y terminar siendo algo parecido a un primate de los de nuestros antepasados, pero nunca se puede volver atrás, no podemos rebobinar. La evolución no entiende de antes y después. Solo entiende que hay unos individuos con unos cambios que les hacen reproducirse más y esos son los que pasarán los genes a la siguiente generación. Con la cantidad de cambios que ha habido en nuestro genoma desde hace tantos millones de años, es virtualmente imposible volver a acabar con un genoma como el suyo. Podríamos tener nuevas mutaciones que acabasen dando capacidades similares, pero sería convergencia evolutiva. Igual que las alas de los murciélagos y las aves. Son similares en función, pero muy lejanas genéticamente hablando.

Recuerda: la evolución, como el tiempo, solo pueden ir hacia delante. Pero pongamos un ejemplo loco. ¿Y si los reptiles (o las aves) se pusieran a evolucionar a lo bestia hasta tener un aspecto digno de meterlos en un parque con vallas muy altas y electrificadas? Molaría bastante volver a tener dinosaurios, ¿verdad? Pero en este caso no hablaríamos de involución, simplemente sería una evolución que por casualidad ha dado lugar a un aspecto y estructuras muy similares a las de nuestros queridos amigos prehistóricos.

Si inventamos los viajes en el tiempo, ten por seguro que te avisaremos, o quizás viajemos primero al Cretácico para comprobar lo de las plumas en los dinosaurios y luego ya te avisamos.

EVOLUCIÓN: *SPOILER*, SALE MAL

Vale, no se puede ir hacia atrás. Pero ¿puede ir la evolución hacia el camino equivocado? Ya imaginas que el futuro de la evolución es prácticamente infinito (solo hay que ver la cantidad de especies diferentes que hay en la Tierra). Hay tantas posibilidades en un fenómeno que ocurre por azar que las soluciones que vendrán a largo plazo serán muy difíciles de predecir. Además, sabemos que hay mutaciones «malas». ¿Puede una «mala» mutación ser seleccionada? Pues en este caso lamentamos decirte que sí.

Una de las maneras en que una mala característica pueda ser seleccionada es mediante la deriva genética que te contábamos en un capítulo anterior. Suele ocurrir más cuando una población está muy aislada o en números muy bajos.

En cuanto a la selección natural, es raro que se seleccione una característica menos apta que otra, por la propia manera en que funciona esta selección natural. Ya que, supuestamente, si vas a peor y las condiciones de tu entorno se complican es muy probable que te baneen del servidor de la existencia.

¿Qué significa ir a peor? Volviendo al ejemplo del tiburón, su antepasado era el monstruoso megalodón. Ese bicho era el equivalente a mezclar un camión con una trituradora. Era una verdadera bestia prehistórica que alimenta las pesadillas de cualquier persona con talasofobia. Hablamos de quince metros de puro depredador. Comparado con un «pequeño» tiburón actual, tenemos la sensación que este animal dejó de pagar la versión *premium* y ahora tiene solo el paquete básico de depredador marino. A nuestros ojos parece que la especie ha ido a peor, porque es más chiquito. Pero eso es una concepción totalmente superficial. ¿De qué sirve ser tan grande si tus presas ahora son más pequeñas y se mueven más rápidamente? No todo es cuestión de tamaño. Con esta evolución a un formato más compacto puede que haya modificado su musculatura, permitiéndole hacer movimientos más bruscos cuando nada y tener arranques de velocidad mucho más devastadores a la hora de dar caza a sus presas. Esto nos enseña que debemos pensar más allá de lo obvio y ampliar nuestros horizontes sobre qué significa ser mejor o peor.

Pero también puede ocurrir que un carácter positivo que se ha seleccionado durante años para ayudar a la supervivencia se convierta de la noche a la mañana en algo negativo y que condicione que esos individuos no sean capaces de sobrevivir. Imagina que un pez con branquias sin capacidad de respirar el oxígeno del aire. Si el lago/mar/océano donde vive esa especie se seca, esos peces con branquias y sin pulmones no pueden sobrevivir bajo ningún concepto. Cuando esto es muy extremo, acaba con la extinción de las especies. De hecho, se piensa que el 99 % de las especies que han existido en nuestro planeta se han extinguido. Tiene sentido cuando hablamos de un proceso que se basa en la prueba y error y además que vivimos en un planeta muy cambiante. Cada varios millones de años ha ocurrido una extinción masiva. Estas extinciones supusieron los puntos de inflexión que hicieron que hoy en día la vida en la Tierra sea como es.

Algo a tener en cuenta con el cambio climático que los humanos estamos causando y acelerando es que los más perjudicados seremos nosotros y las especies que viven en condiciones similares a las nuestras. Sabemos por experiencia que «la vida se abre camino» y que la Tierra y la vida se recuperarán de un golpe duro al clima. Pero que la vida se abra camino no quiere decir que nosotros salgamos bien de esa crisis. Si el clima de la Tierra cambia tanto como para que nuestra vida en ella sea muy dura, puede que no nos extingamos (o sí), pero sin duda habrá mucho sufrimiento. Evitar un cambio climático es una tarea más egoísta como especie que por preservar la naturaleza, por lo tanto, es importante que nuestros gobiernos tomen medidas para ralentizar el proceso todo lo posible. Puede que el cambio climático ocasione que nuestras características, seleccionadas durante millones de años, no sean óptimas de aquí a unas décadas. Y no solo nuestras características, sino las de todas las especies domesticadas por nosotros, que nos permiten vivir como vivimos y comer lo que comemos.

CUELGA TÚ. NO, CUELGA TÚ

Volvamos a un tema más filosófico. Te damos dos especies (por ejemplo, los lobos y los tigres) y te preguntamos cuál está más evolucionada. ¿Es una pregunta trampa? Por supuesto. Especialmente si hablamos de especies muy separadas no hay una más evolucionada que la otra (y esto incluye también a los humanos) ya que como hemos visto, la evolución es algo que no se puede frenar. Tenemos que tener en cuenta que cuando hablamos de quién está más evolucionado, la pregunta va enfocada a quién ha cambiado más, ya que evolución es cambio.

No nos referimos a qué especie es la dominante del planeta ni nada por el estilo. Tampoco existe una especie mejor que otra. Podremos buscar la especie más rápida, la más inteligente, la más pequeña, la que mejor se reproduce o lo que quieras, pero el término «mejor» o similares son muy difíciles de definir.

Volvamos a la pregunta de si hay especies más evolucionadas que otras. Quizás el ejemplo de un tigre y un lobo es demasiado fácil. Ya que ambos son mamíferos con bastantes similitudes. Pero ¿y si comparamos un rinoceronte con una tarántula? Ahí ya la cosa se va complicando. Filogenéticamente están separadísimos. No podemos decir que el rinoceronte está más evolucionado que la tarántula o viceversa. ¿Cuántos cambios han sufrido sus genomas en los millones de años que llevan separados? ¿Cuál acumula más de estos cambios? No se puede calcular.

Es cierto que hay científicos que son muy puristas con esto. «No hay una especie más evolucionada que otra y punto pelota». Mimimimimi.

Nosotros entendemos la vida como una escala de grises, no como un blanco o negro. Efectivamente, creemos que sí se puede hablar de especies más evolucionadas que otras, pero en un contexto muy específico y para fines meramente docentes, nada de ir aireando estos términos como oficiales, ¿eh? Veamos, te hemos contado que hay especies con tasas de mutación más rápidas que otras. Cuando esto ocurre, las primeras podrán acumular más cambios por generación que las segundas. Pongamos un ejemplo de una especie que se separa en dos poblaciones y cada una toma un camino. Los gamusinos de una zona determinada, por ejemplo. Digamos que hay un terremoto en esa zona y tras la catástrofe, la zona se queda fragmentada por un barranco infranqueable. De esa población de gamusinos unos se quedan a un lado del barranco y los otros al otro. Imaginemos también que una de las poblaciones de estos gamusinos termina sometida a una presión evolutiva muy fuerte, digamos un clima muy distinto al de la zona original, pero la otra no. Según pasa el tiempo, el grupo que se ha quedado con el mismo clima no habrá cambiado tanto como el que se vio sometido a un cambio fuerte. Por lo tanto, la tasa de evolución (la tasa de cambio en su genoma) de ambas especies será diferente, y podríamos decir para este caso en particular que la que ha cambiado más ha evolucionado más. Pero eso no hace a una mejor que la otra, cada una es apta para las condiciones que le ha tocado vivir.

Pero esto es aplicable solo si la comparamos con la población o especie original. Cuando el tiempo que pasa es mucho, estas diferencias de velocidad se diluyen, ya que en millones de años habrá acelerones y frenazos en los cambios y, por tanto, determinar quién ha cambiado más a partir de un ancestro de hace muchos millones de años carece de sentido. Por lo tanto, no, no estás más evolucionado que un chimpancé. Parafraseando al gran Ortega y Gasset: tú eres tú y tus circunstancias. Y añadiremos que eso no te hace mejor que nadie, solo diferente.

¿CUÁL ES EL VERDADERO GENOMA HUMANO?

Un genoma para entenderlos a todos. Un genoma para encontrarlos, un genoma para secuenciarlos a todos y sacarlos de las tinieblas en la Tierra del Desconocimiento donde se extienden las Sombras.

En 1990 comienza uno de los proyectos científicos más ambiciosos de la comunidad científica. Comparable con pisar la Luna, el Proyecto Genoma Humano se planteó como algo que iba a ser de toda la humanidad, y para lo que se necesitaba la colaboración de muchos científicos de todo el mundo.

Durante los años ochenta y noventa se trabajó incansablemente para secuenciar todas las letras del genoma humano. En el año 2000 se presentó un borrador inicial que se «terminó» en 2003 y se obtuvo así, en menos de veinte años, un primer genoma humano que usar como modelo. Fue un hito de la humanidad, algo simplemente increíble. Por primera vez en la historia de la Tierra (y que nosotros sepamos, del universo), unos primates habían sido capaces de anotar las bases moleculares de lo que eran. Es un paso de gigante a la hora de entender la vida.

Por fin teníamos los apuntes del libro de instrucciones que nos hace humanos, pero aún quedaría mucho camino por recorrer para entender lo que todas esas letras significan. Incluso hoy día, gran parte de esa secuencia sigue siendo un misterio de una manera u otra.

Hemos escrito «terminó» entre comillas porque no fue hasta el año 2023 cuando se terminó de secuenciar verdaderamente una copia del genoma humano. Y te preguntarás ¿cómo, es que nos engañaron en 2003 al decir que habían terminado el Proyecto Genoma Humano? Pues no, nadie nos engañó. Efectivamente, se había leído todo el genoma que se podía leer con las técnicas de las que se disponía entonces. Pero las técnicas de secuenciación no eran todo lo finas que podían llegar a ser y solo podían leer fragmentos de una longitud bastante corta. Esto fue algo muy relevante en ciertas zonas del genoma que contenían muchas repeticiones de una secuencia. Cuando estás secuenciando zonas que tienen 500 repeticiones de algo, es muy difícil saber por dónde vas leyendo, por lo que esas zonas difíciles quedaron sin secuenciar en detalle.

Pero en los últimos años se ha avanzado muchísimo en las técnicas moleculares de secuenciación. Gracias a una cuarta generación de secuenciación podemos leer tiras de genoma de unos 300 000 nucleótidos de media, pero el récord está en leer unos 4 millones de un tirón. ¡Una pasada! Así no te confundes en el número de repeticiones que has leído.

Como curiosidad, contarte que el cromosoma Y (el que confiere el sexo masculino) es el que se ha terminado de secuenciar el último. La razón es que para hacer más sencillas estas largas lecturas/secuenciaciones se usaba una línea celular llamada *mola hidatiforme completa*. ¿Qué es esto?, ¿la nueva expresión de la generación Z? Pues lo parece, pero no. La mola se trata de una célula cuyos pares de cromosomas son 100 % idénticos entre sí, es decir, cada pareja de cromosomas son el mismo, y esto también se aplica al cromosoma X. Por lo tanto, primero se secuenciaron las repeticiones de todos los demás cromosomas y finalmente se usó otra línea celular que tuviera el cromosoma Y, para terminar de secuenciarlo.

Vale, pues en 2023 finalmente se tienen todas y cada una de las letras del genoma humano. Pero ¿significa esto que tenemos *el genoma definitivo*? Obviamente no. Un solo genoma no puede representar a toda la humanidad. Puedes gritar en alto: ¡NO ME REPRESENTA! Como si fuera una manifestación. Es cierto que tenemos secuenciaciones de muchísimos humanos ya, pero no en tanto detalle (con todas las repeticiones y demás parafernalias).

Así, ahora se está trabajando en leer el genoma completo del mayor número de individuos posible. Se ha empezado ya a recolectar muestras de humanos de todos los continentes y se va a seguir ampliando para formar un *pangenoma*: un genoma para entenderlos a todos. Un genoma que incluya la mayor cantidad posible de variaciones y detalles para que pueda representar a todos los humanos y que sirva para seguir avanzando en la investigación de lo que realmente nos hace humanos.

12. HUMANOS ULTRAINTELIGENTES Y CON PULGARES HIPERRÁPIDOS. ¿SEGUIMOS EVOLUCIONANDO?

Esta pregunta ya deberías saber responderla. La respuesta es sí, pues como mencionamos anteriormente, la evolución es una fuerza imparable de la naturaleza. Pero por otro lado, si lo piensas, el ser humano es algo excepcional.

Tenemos una habilidad que podemos decir que es derivada de nuestra inteligencia. El ser humano tiene la capacidad de adaptar su entorno. Si tú piensas en un ambiente helado, por ejemplo, y te preguntamos qué adaptación sería idónea, tú dirás que desarrollar un pelaje grueso y capas de grasa bajo la piel serían la mejor opción para salir adelante. Ahora piensa en la gente que vive en regiones frías de nuestro planeta como el Polo Norte o Sur, o países nórdicos o cualquiera con un clima muy frío.

Sabemos que existen adaptaciones a los diferentes climas, como puede ser una piel más clara en los individuos que no viven en zonas de gran nivel de radiación solar. Los ojos rasgados y la cara redonda de los habitantes de países como Mongolia son, de hecho, adaptaciones al frío extremo. Estos ojos se ven rasgados porque hay una capa de grasa entre el párpado y el ojo de la que otras poblaciones carecen, aislando y protegiendo así el globo ocular. Lo mismo ocurre con los mofletes gruesos, es por una capa protectora. La nariz de estas personas suele ser más pequeña para evitar que el aire llegue tan frío al interior, así como en países donde esto no es un problema se tiende a las narices más anchas. Pero estas características no son tan extremas, como, por ejemplo, podría ser el pelaje y capa de grasa gruesa de un oso polar.

Si estuviéramos solos, sin herramientas ni tecnología, quizás podríamos decir que el ser humano no debería habitar esas regiones (al menos no de manera continua, sino estacional). Pero tenemos cosas como calefacción, ropa de abrigo, construcciones que aíslan de las bajas temperaturas e, incluso, a Míster Quitanieves. Con todo eso, ese ecosistema hostil se vuelve habitable todo el año. Tampoco es que sea el sitio ideal para irnos de vacaciones a tomar el sol, pero disponemos de los recursos adecuados para replicar un ambiente aceptable para la supervivencia de una población humana *in situ* a largo plazo.

Estos avances nos dan un confort que hace que no sea necesario adaptarnos al entorno. ¿Para qué vas a desarrollar un pelaje grueso y tener la espalda que parezca una alfombra cuando te puedes poner un buen abrigo encima? Podríamos pensar que es antinatural y contra la evolución. Incluso parecería que estamos deteniendo la evolución de forma antropológica. Por lo que sin nuestra inteligencia (para construir, inventar y modificar el ambiente) no podríamos sobrevivir en esas latitudes igual que lo hacen animales como el oso polar.

Y eso es extrapolable a cualquier situación. ¿Altas temperaturas?, no hay problema, tenemos aire acondicionado, helados, ropa holgada y edificios fresquitos. ¿Que hay un depredador que nos amenaza? Crearemos barreras artificiales como una muralla o una valla. ¿Y si el depredador atraviesa esa primera defensa? Pues dile hola a mi «palo de fuego». ¿Y si el depredador es muy grande y fuerte? Da igual, porque no hay nada más fuerte que un helicóptero de combate armado con artillería. ¿Y si es venenoso? Pues ya nos encargamos de desarrollar antivenenos y tratamientos médicos para minimizar riesgos. ¿Que el enemigo es microscópico y viene una pandemia? Tenemos conocimientos y recursos para gestionar la crisis y desarrollar vacunas en tiempo récord.

¿HEMOS PARADO LA SELECCIÓN NATURAL?

Todo esto nos haría pensar que el ser humano ya es perfecto evolutivamente, no necesita mejorar ni evolucionar, ya que tenemos nuestro cerebro para solucionar los problemas de adaptación al medio. Decir eso es como gritarle a una tormenta para que pare de llover, no vas a conseguir nada y vas a acabar igualmente empapado.

Hay rumores en redes sociales sobre cómo serán los humanos del futuro, pero la realidad es que según la ciencia parece que humanos con dedos largos como patas de araña por el uso de teclados, o espaldas arqueadas por el estar expuestos a trabajos de escritorio o mejores articulaciones en los pulgares va a ser un poco imposible. Por un lado, eso sería consecuencia de las nuevas tecnologías, a las cuales no llevamos el suficiente tiempo expuestos para que la selección natural haga su efecto. Por otro lado, no son factores de presión tan determinantes como para forzar una evolución brusca para que haya que cambiar de forma súbita nuestras estructuras.

Pero ya te hemos dicho que la evolución no son solo estructuras anatómicas llamativas, hay pruebas muy concretas que nos demuestran que no estamos tirados sin hacer nada en el sofá de la existencia. Esas pruebas hay que buscarlas con lupa, bueno, mejor con secuenciación genética.

Para empezar, la primera prueba que tenemos de que estamos cambiando son los mutantes que se encuentran entre nosotros. No, no hablamos de los X-Men (Patrulla X). Sino de pequeñas alteraciones que no son altamente significativas en nuestra población, pero ahí están. Desarrollándose y pasando a nuestra línea celular germinal para que se transmitan a generaciones futuras, que irán acumulando ese conjunto de pequeños cambios.

Otra prueba sería la identificación de genes de novo, que son genes nuevos que se han formado de regiones del ADN que antes no codificaban ninguna proteína. Estos genes representan un fenómeno importante en la evolución, ya que demuestran cómo nuevas funciones genéticas pueden surgir a partir de secuencias de ADN que no estaban previamente relacionadas con la codificación de proteínas. Esto puede ser causado por una transcripción accidental o por una mutación. Son muy difíciles de identificar, pero en 2022 se llegaron a identificar más de 150 genes de este tipo. Y teniendo en cuenta lo laborioso que es dar con ellos, es posible que haya muchos más por ahí rondando. Y como su aparición es puntual y relativamente rápida, es muy complicado seguirles el rastro a la hora de situarlos temporalmente.

También la adaptación a enfermedades puede ser una pista más de que los humanos estamos en una carrera armamentística, solo que no corremos contra depredadores, sino contra enfermedades. Un ejemplo de ello sería la malaria. La malaria es una enfermedad causada por un parásito microscópico llamado *Plasmodium*. El muy listo se introduce dentro de los glóbulos rojos para esconderse y multiplicarse en su interior. Por otro lado, la anemia falciforme es una enfermedad genética humana que causa que los glóbulos rojos sean un poco más frágiles y rígidos, incluso transportan menos oxígeno. Como diría Homer Simpson, «eso es malo», pero irónicamente, este trastorno perjudicial dificulta la actividad del parásito de la malaria, «eso es bueno». Curiosamente, un gen que en teoría causa una desventaja (anemia falciforme), endémicamente es positivo, pues aumenta la esperanza de vida en poblaciones donde se da la malaria, la presencia de ese gen se prolonga a lo largo del tiempo y es una nueva adaptación.

Un ejemplo muy claro es la evolución que ha ocurrido y ocurrirá con todas las pandemias a las que nos hemos enfrentado y nos enfrentaremos. Cuando una gran parte de la población fallece o se debilita durante un gran periodo de tiempo debido a una pandemia, suele ocurrir un reajuste de las variables de muchos genes. Normalmente relacionados con el sistema inmunitario, pero no exclusivamente.

Durante el siglo XIV hubo una de las pandemias más fuertes que se recuerdan, la peste negra. Fue causada por la bacteria *Yersinia pestis* y afectó a gran parte de Europa y Asia. Se dice que llegó a matar a un tercio de la población europea. Hoy en día, se sabe por análisis genéticos que una parte de la población que sobrevivió lo hizo porque tenían una variante genética «peleona» en sus glóbulos blancos. Es decir, su sistema inmunitario estaba «a la que salta» y le costaba menos luchar contra la infección. Y por tanto, esa variable se expandió mucho más de lo que estaba antes de la peste, ya que la versión del sistema inmune normal tuvo una mayor mortalidad. Hoy día sabemos que esta misma variante que entonces protegió a sus portadores de la peste te confiere una mayor probabilidad de tener enfermedades autoinmunes (porque, claro, tu sistema inmunitario está a la defensiva con esta variable).

Y dirás, «Pero esto pasó hace mucho», no había ni antibióticos ni vacunas. Pues curiosamente se cree que con el COVID ha pasado algo similar. Aún se están analizando datos y seguramente no podamos verlo hasta dentro de décadas, pero claramente la cantidad de gente que falleció en todo el mundo ha tenido que dejar una huella en nuestro genoma. Y eso que los humanos estábamos altamente preparados: se aisló a mucha población, se aplicaron medidas de cribado de pacientes y salieron vacunas mucho más rápido de lo que ha ocurrido jamás en la historia de la humanidad. Pero aun así perdimos a muchos familiares y amigos, lo que nos debe recordar que aun con todos nuestros recursos y medidas, la humanidad se enfrentó a una crisis que le dejó una dolorosa huella. Podemos estar preparados, pero nunca podremos averiguar el futuro. Muchas pandemias vendrán y podremos verlas venir, pero otras no. Puede que sea porque los microorganismos que las ocasionan hayan evolucionado rápidamente y no nos hayamos dado cuenta, porque estábamos mirando hacia otro lado, o simplemente porque la vida funciona así, con eventos que surgen por circunstancias súbitas. La velocidad a la que mutan los microorganismos es enorme y puede que nos sea imposible controlarlos a todos.

También hay factores que nos hacen seguir evolucionando aunque no sean tan letales como una pandemia o una enfermedad. Un ejemplo es el patrón reproductivo. Como explicamos anteriormente, la única manera de no evolucionar es que la población sea infinita, que no haya migraciones y que la reproducción sea igual para todos. Esto quiere decir que mientras no te toque tener hijos con una tómbola y tengas algo de elección (incluso elegir no reproducirse), tendremos movimiento de genes y estos no estarán en equilibrio. ¿Te imaginas una sociedad en la que todo el mundo tuviera que reproducirse con una persona al azar del mundo? Fulanita de España, te ha tocado con Menganito de Corea del Sur y tenéis que tener 3 hijos a las edades exactas de 24, 27 y 29. Y así toda la población mundial. Suena a distopía, pero por suerte es también una situación completamente imposible. Incluso en la elección de pareja estamos guiando la evolución.

¿LAMARCK DE NUEVO? EL TRUCO DE LA EPIGENÉTICA

Últimamente hay un movimiento en redes que es cuando menos curioso. Hay gente que dice que Lamarck tenía razón de manera indirecta y que podemos heredar los caracteres adquiridos de nuestros padres y que eso forma parte de la evolución. Esto no tiene fundamentos científicos reales, pero se basa en un par de ideas y estudios cuando menos interesantes. Con la manipulación adecuada se puede conseguir tergiversar ligeramente los términos y crear una historia que parece lógica si no estás muy enterado de los detalles de la biología molecular. Veamos el caso.

Hubo unos experimentos en los que alimentaron a unas ratas con una dieta rica en grasa y, estas, además de engordar, tuvieron ligeros cambios en su metabolismo, como es natural. Para eso está el metabolismo y su regulación, para adaptarse a los cambios del ambiente, en este caso la dieta.

Vieron que estos cambios en el metabolismo (algunos de ellos) ocurrían mediante marcas en el ADN. Es decir, las células ponían marcadores en los genes importantes y escondían los que eran menos importantes, para tener acceso más rápido a ellos. Esto se conoce como epigenética, es el estudio de los cambios que activan o inactivan los genes sin cambiar la secuencia del ADN a causa de la edad y la exposición a factores ambientales (alimentación, ejercicio, medicamentos y sustancias químicas). Es muy importante mencionar que estos cambios epigenéticos son totalmente reversibles. Es una manera que tiene nuestro organismo de hacer cambios rápidos pero no radicales. Es similar a cambiar la ropa de invierno y de verano, en ningún momento te deshaces de una u otra ropa, simplemente pones más a mano en tu armario lo que más necesitas en la estación del momento.

El lío viene cuando los investigadores se dan cuenta de que estos cambios epigenéticos están pasando a los hijos desde las madres ratas. Es decir, vieron que las marcas que tenían las crías venían dadas por las marcas epigenéticas que había producido la madre al estar en ciertas condiciones. Si lo piensas, esto también tiene sentido. Que una especie pueda mandar señales sobre el ambiente al que va a venir al mundo su cría es un mecanismo estupendo de adaptación. «Oye, que estamos viviendo una sequía, lo suyo será que nazcas y tengas una tasa de sudoración más baja que la media, no vaya a ser que te deshidrates». Esto encaja perfectamente con la descripción de evolución de Lamarck, que decía que los caracteres adquiridos por los progenitores pasan a la descendencia: lo del cuello de las jirafas sigue siendo trambólico, pero un pequeño cambio en el metabolismo puede ser algo más manejable a la hora de imaginar esos caracteres adquiridos.

Sin embargo, los que hablaban de lamarckismo como algo correcto no cayeron en la segunda parte del experimento (bueno, fueron descubrimientos posteriores). La parte en la que estas modificaciones del ADN solo se mantenían en la descendencia si lo que las había causado seguía presente.

Es decir, si se cambiaba la dieta, o se eliminaba el estresor, o la temperatura media volvía a ser la ideal, estas marcas desaparecían. Por lo tanto, se ha visto que la epigenética es muy útil, pero es temporal. No es como una mutación, que no puedes eliminarla del individuo y se queda grabada en los genes.

Esto le da una chance más a Lamarck en su teoría, pero debemos ser precavidos y entender los resultados de estos experimentos, para así poder extraer unas conclusiones correctas. Aun así, sigue siendo sorprendente esta adaptación veloz y circunstancial ante amenazas o condiciones del entorno. Sin embargo, no es evolución *per se*, ya que se puede volver a la forma original.

Esto es un aviso, tened cuidado que los conspiranoicos se esconden por todas partes, incluso en las teorías evolutivas. Siempre hay que ser crítico y pensar las cosas, puesto que a veces su discurso puede parecer muy lógico y basado en la evidencia. Pero no siempre te muestran toda la evidencia, o incluso no se ha hecho todavía porque es un tema muy reciente y aún se está estudiando. Por eso siempre es importante mirar los estudios, sobre todo los más recientes, con prudencia, esperando otros estudios que los respalden o buscando documentación que refuerza sus afirmaciones. Pero el mejor ojo será siempre el de un experto, ya que es el que sabe cuáles son las preguntas que deben hacerse a continuación.

Por lo tanto, si enfocamos esto a la evolución humana, puede que estés pasando marcas epigenéticas a tu descendencia, pero no está marcado a fuego. Lo que sí que no podemos evitar son los genes que hemos recibido. Ya sabemos que tú no elegiste nacer, polizón, pero anímate, todo el mundo sabe que los humanos somos la punta de la pirámide, la especie top, la mejor…, ¿o no?

DE LO BUENO LO MEJOR, Y DE LO MEJOR LO SUPERIOR

A menudo oímos o leemos comentarios que dan a entender que ser como nosotros es el «objetivo» de la evolución. Que somos esa «especie para gobernarlos a todos». O, en otra línea, que ser más grande y más fuerte es la finalidad. Pero nada más lejos de la realidad.

Como seres humanos subjetivos que somos, nos es difícil ver las cosas desde otros ojos que no sean los nuestros. Pero la realidad es que ninguna de las que se te pasaría por la cabeza en primera instancia podría considerarse la mejor especie. Está feo hacer *rankings*, la verdad. Pero si nosotros tuviéramos que hacer uno, primero tendríamos que definir los criterios que hacen a una especie mejor que otra. Intentemos definirlos.

Primero, esa especie tendría que tener una edad más o menos larga. Cómo de larga también variará dependiendo del grupo al que pertenezca. No es lo mismo ser una bacteria que un mamífero, por tanto, es complicado definir esta edad, pero como ejemplo, la mayoría de las especies exitosas de mamíferos consiguen vivir durante un millón de años (luego podríamos decir que evolucionan para ser otra especie, pero como te puedes imaginar esto es muy abstracto). Los humanos llevamos unos 250 000 años en la Tierra, ¿y crees que aguantaremos sin acabar con nosotros mismos antes? ¡Si el lunes se nos hace eterno! Bromas aparte, no todas las especies llegan a eso, y muchas se extinguen antes, por lo tanto los humanos no tenemos el punto en este apartado.

Segundo, podríamos hacer un *ranking* por especies con más cantidad de masa acumulada en ellas, o por número de individuos. Ahí tanto los microorganismos como los insectos ganan por goleada a cualquier especie pluricelular. Porque sin ir más lejos, hay muchísimas hormigas en nuestro planeta, por ejemplificar. Parecen pequeños, pero es como el polvo de tu casa. Parece que solo hay un par de bolas de pelo del gato, pero empiezas a barrer y salen montañas y montañas.

Por último, las características. Es complicado. ¿Qué es más importante: el tamaño, la inteligencia, la fuerza, la cantidad de pelo o plumas, el número de semillas, el color de las esporas? ¿Y qué hay de los microorganismos? Sus características no tienen nada que ver con las de los organismos pluricelulares. ¿Quién es mejor, el que tiene cilios o flagelos, las gram positivas o las negativas, las fotosintéticas o las quimiotrofas? La verdad es que es imposible elegir una única característica que nos diga si esa especie es mejor que otra. No hay manera.

La realidad es que lo hemos intentado, pero ni siquiera hemos podido hacer una lista de prioridades. Por lo que nos ha sido imposible hacer un *ranking*. Y seguro que sabes que cada uno de nosotros tiene un par de favoritos. Pero esto pasa porque no hay una única solución a la vida a la manera de estar adaptado a un medio. Cada zona de la Tierra es distinta, e incluso especies que comparten hábitat tienen diferentes adaptaciones.

Es una pregunta sin respuesta, y seguramente sin sentido. Pero nosotros sabemos en nuestros corazones que la mejor especie, sin duda…, son los gamusinos.

¿HACIA DÓNDE VAMOS?

Llegados a este punto del libro, sabemos que te estás haciendo una pregunta. ¿Cómo serán los humanos del futuro? Como hemos mencionado antes, hemos leído toda clase de locuras en la web. Desde que tendremos pulgares hiperrápidos hasta que la cabeza será del tamaño de esa sandía que viste en el mercado aquel día. Lamentamos decirte que no existe una respuesta para esto. Hemos buscado a diferentes referentes en el mundo de la evolución y ninguno se ha mojado. La razón es la que te hemos contado: que la evolución es un proceso azaroso y dependiente del ambiente. Como vivimos en un ambiente tan cambiante y tan impredecible, nos es imposible saber qué características serán ventajosas. O qué nuevas características tendremos que no existen ahora en nosotros.

También hay un comentario recurrente respecto a la inteligencia. ¿Seremos más inteligentes?

¿Podemos serlo? Solo seremos más inteligentes si ser más inteligente te hace reproducirte más que ser menos inteligente, y creo que llegados a este punto, esa no es necesariamente la realidad. La inteligencia humana es algo individual, pero también colectivo. No sobrevives más por ser más inteligente, ya que tenemos personas que se dedican a salvarnos la vida, o a construir una máquina que nos hace la vida más fácil. Y nosotros no necesitamos ser inventores o simplemente más inteligentes que la media para vivir una vida saludable y tener mucha descendencia. Por lo tanto, al menos actualmente, no parece que tener una inteligencia superior a la media te haga más exitoso. También podría pasar que en un futuro distópico una IA nos ayude tanto que nos obligue a cambiar nuestra manera de pensar, pudiendo hacer que nuestro cerebro evolucione no hacia la ignorancia, sino a otros enfoques. También puede que la IA se ponga en modo Skynet y nos extinga de golpe, pero eso es imposible, ¿verdad?

Fuera de IA locas, a la pregunta de si podríamos ser más inteligentes, es curioso, pero la respuesta es que podría haber un límite. Parece que cuanta más potencia cerebral (a nivel de neuronas y conexiones neuronales), el gasto energético se multiplica. Un cerebro consume una cantidad enorme de calorías y esas calorías cuestan esfuerzo (no solo de cantidad de comida, sino a nivel de digestión y metabolismo). Puede que ese esfuerzo extra no compense la ventaja evolutiva de ser más inteligente y por tanto no se seleccione. Por otro lado, tenemos el innegable hecho de que somos mamíferos placentarios y que nacemos. A mayor masa cerebral, mayor tamaño de cabeza. Nuestras crías ya son lo suficientemente cabezonas como para añadir unos pocos centímetros extras al canal del parto. Puede que las madres no lo soportasen, volviendo a los cabezones inviables. Aunque a lo mejor podrían nacer por cesárea, lo cual hace que de nuevo nuestra tecnología meta la mano en esto de la evolución.

Además, no está claro que un mayor cerebro pueda darnos más inteligencia. Puede que para llegar a un nivel superior de análisis de datos (algo similar a lo que puede hacer una inteligencia artificial) necesitemos cinco veces el volumen de nuestro cerebro y además que esté organizado de una manera específica. Puede que eso sea totalmente inviable. No podemos saberlo, pero en nuestro caso, teniendo la capacidad como sociedad de dejar este nivel de computación a las computadoras, no parece que sea necesario evolucionar en esa dirección.

Vale, pensarás, nosotros no vamos a ser mucho más listos, pero ¿qué hay de otras especies? Claramente, nuestra inteligencia nos ha dado muchas ventajas de las que podrían aprovecharse otras especies. Bueno, claramente hay muchas especies inteligentes, pero la inteligencia no parece la clave necesariamente, al igual que la fuerza bruta o la velocidad. Si eso fuera imprescindible para el éxito evolutivo, los caracoles no existirían. Y ahí están siendo parte de nuestra fauna de este planeta.

Sin duda, el destino es caprichoso, y el destino de nuestra especie y del resto de este planeta es imprevisible. Podemos intentar hacer una apuesta basándonos en sus registros fósiles y antecedentes. Pero quién sabe qué puede ocurrir. Además, es más divertido dejarse sorprender por aquello que la evolución nos depara, ¿no crees? Relájate y disfruta del viaje.

EPÍLOGO

Pues hasta aquí hemos llegado. Todo lo bueno se acaba. Esperemos que la lectura te haya sido amena y no te haya aburrido. Nuestra humilde intención era enseñarte un poco de qué va esto de la evolución y darte una visión amplia con ejemplos curiosos.

También somos conscientes de nuestras limitaciones, pues no somos eminencias en el campo, pero, por eso, te recomendamos que sigas leyendo otras obras de ciencia para enriquecer tus conocimientos. Además, hay preguntas aún sin respuesta, no lo sabemos todo y hay mucho por descubrir ahí fuera.*

Pero fíjate en todo lo que hemos abordado en esta obra. Hemos hablado de genética, de biología celular, de fisiología, de filogenia... Y, por supuesto, de Darwin. Pero también hemos aprendido el punto en el que se encuentra ahora mismo la ciencia respecto a este tema. No todo es gracias exclusivamente al tipo de *El origen de las especies*. Este es un trabajo coral, en el que muchos científicos a lo largo del tiempo han ido contribuyendo ladrillo a ladrillo hasta llegar a este mural que conocemos como la teoría de la evolución.

En el fondo, este libro tiene muchos paralelismos con lo que aborda, pues ha sido un proceso gradual que hemos ido perfeccionando hasta mandarlo a imprenta. Pero además ha tenido ese factor suerte que ha hecho que llegue hasta tus manos. Ha sido un trabajo realizado con gusto pero también con esfuerzo, intentando cumplir vuestras expectativas y nuestras exigencias autoimpuestas.

Por último, solo queda agradecerte haber estado ahí, al otro lado del papel. Gracias.

---

* O también puedes escuchar nuestro pódcast *El Camarote de Darwin*. ¡Eh! Hay que aprovechar, son las últimas páginas para promocionarse.

¡AH! SE NOS OLVIDABA.
AQUÍ TIENES TU DIPLOMA
COMO PERSONA QUE HA
APRENDIDO SOBRE EVOLUCIÓN.

¡TE LO MERECES!

DIPLOMA DE LECTURA

En reconocimiento a la lectura de este libro, se otorga este certificado oficial que confirma que se han adquirido conocimientos en el campo de la evolución.

Si no funciona, ¡evoluciona!

Leído por:

_____
Laura Flores

_____
Guillermo Rodríguez

_____
Ataulfo el mapache (secretario)

REFERENCIAS CAPÍTULOS

Capítulo 1

- Blount, Z. D., Borland, C. Z., y Lenski, R. E. (2008). «Historical contingency and the evolution of a key innovation in an experimental population of Escherichia coli». *Proceedings of the National Academy of Sciences of the United States of America*, 105(23), 7899-7906.

- M. Meselson, F.W. Stahl, (1958). «The replication of DNA in Escherichia coli*», *Proc. Natl. Acad. Sci. U.S.A.* 44 (7) 671-682.

Capítulo 2

- Mendel, G. (1866) *Versuche über Pflanzen-Hybriden* (Experimentos sobre hibridación de plantas). Sociedad de Historia Natural de Brünn (Brno).

Capítulo 3

- Lamarck, J. B. (1778). *Flore française, ou descriptions succinctes de toutes les plantes qui croissent naturellement en France*. Tomos I-III. París: L'Imprimerie Royale.

- Lamarck, J. B. (1809). *Philosophie zoologique, ou exposition des considérations relatives à l'histoire naturelle des animaux*. Dentu.

- Lamarck, J. B. (1802). *Recherches sur l'organisation des corps vivants*. Maillard.

Capítulo 4

- Darwin, C. (1859). *On the origin of species by means of natural selection, or the preservation of favoured races in the struggle for life*. John Murray.

- FitzRoy, R. (1839). *Narrative of the surveying voyages of His Majesty's Ships Adventure and Beagle, between the years 1826 and 1836, describing their examination of the southern shores of South America, and the Beagle's circumnavigation of the globe. Volume II: Proceedings of the second expedition, 1831-1836.* Henry Colburn.

- Wallace, A. R. (1855). «On the law which has regulated the introduction of species». *Annals and Magazine of Natural History*, 16(93), 184-196.

- Wallace, A. R. (1858). «On the tenadency of varieties to depart indefinitely from the original type». *Journal of the Proceedings of the Linnean Society of London: Zoology*, 3(9), 53-62.

- Wallace, A. R. (1890). *The origin of man and of other vertebrates*. Londres: Macmillan.

Capítulo 5

- Orgel L. E. (2004). «Prebiotic chemistry and the origin of the RNA world». *Critical Reviews in Biochemistry and Molecular Biology*, 39(2), 99-123.

- Zorc, S. A., y Roy, R. N. (2024). «Origin & influence of autocatalytic reaction networks at the advent of the RNA world». *RNA Biology*, 21(1), 78-92.

- Joyce, G. F., y Szostak, J. W. (2018). «Protocells and RNA Self-Replication». *Cold Spring Harbor Perspectives in Biology*, 10(9), a034801.

- Agmon I. C. (2016). «Could a Proto-Ribosome Emerge Spontaneously in the Prebiotic World?». *Molecules*, 21(12), 1701.

- Jheeta S. (2017). «The Landscape of the Emergence of Life». *Life*, 7(2), 27.

- Briones, C., Stich, M., y Manrubia, S. C. (2009). «The dawn of the RNA World: toward functional complexity through ligation of random RNA oligomers». *RNA*, 15(5), 743-749.

- Wilson, D. S., y Szostak, J. W. (1999). «In vitro selection of functional nucleic acids». *Annual Review of Biochemistry*, 68, 611-647.

- Penny, D., y Poole, A. (1999). «The nature of the last universal common ancestor». *Current Opinion in Genetics & Development*, 9(6), 672-677.

Capítulo 6

- Sagan L. (1967). «On the origin of mitosing cells». *Journal of Theoretical Biology*, 14(3), 255-274.

- Lazcano, A., y Peretó, J. (2017). «On the origin of mitosing cells: A historical appraisal of Lynn Margulis endosymbiotic theory». *Journal of Theoretical Biology*, 434, 80-87.

- Margulis, L. (1970). *Origin of eukaryotic cells*. Yale University Press.

Capítulo 7

- Clark, W. R. (1996). *Sex and the origins of death*. Nueva York, NY: Oxford Academic.

- Smocovitis, V. Betty (1996). *Unifying Biology: The Evolutionary Synthesis and Evolutionary Biology*. Princeton University Press. ISBN 0-691-03343-9.

- Lynch, M., Ackerman, M., Gout, JF. *et al.* (2016). «Genetic drift, selection and the evolution of the mutation rate». *Nat Rev Genet* 17, 704-714.

Capítulo 8

- Linnaeus, C. (1735). *Systema naturae, sive regna tria naturae systematice proposita per classes, ordines, genera, & species*. Theodorum Haak.

- Owen, R. (1848). *On the archetype and homologies of the vertebrate skeleton*. John van Voorst.

Capítulo 9

- Van Valen, L. (1973). «A new evolutionary law». *Evolutionary Theory*, 1(1), 1-30.

- Bell, G. (1982). *The evolution of sex:The Masterpiece of Nature: The Evolution and Genetics of Sexuality*. Chapman and Hall.

- Morris, B. E., y Whitham, T. G. (2007). «The black queen hypothesis: Evolution of the function of a community's black queen». *Proceedings of the Royal Society B: Biological Sciences*, 274(1614), 763-769.

Capítulo 10

- Eldredge, N., y Gould, S. J. (1972). *Punctuated equilibria: An alternative to phyletic gradualism*. En D. M. Kauffman (ed.), *Models in paleobiology* (pp. 82-115). Freeman, Cooper & Company.

- Krings M., Stone A., Schmitz R. W., Krainitzki H., Stoneking M., y Pääbo S. (1997). «Neandertal DNA sequences and the origin of modern humans». *Cell*, 90, 19-30.

- Prüfer K., Racimo F., Patterson N., Jay F. *et al.* (2013). «The complete genome sequence of a Neanderthal from the Altai Mountains». *Nature*, 2014:505: 43-49.

Capítulo 11

- Sendell-Price, A. T., Tulenko, F. J., *et al.* (2023). «Low mutation rate in epaulette sharks is consistent with a slow rate of evolution in sharks». *Nature Communications*, 14(1), 6628.

- Xing, L., *et al.* (2016). «A feathered dinosaur tail with primitive plumage trapped in mid-Cretaceous amber». *Current Biology*, 26(24), 3352-3360.

- Kin, A., y Błażejowski, B. (2014). «The horseshoe crab of the genus Limulus: living fossil or stabilomorph?». *PloS One*, 9(9), e108036.

Capítulo 12

- Mäkinen T. M. (2007). «Human cold exposure, adaptation, and performance in high latitude environments». *American Journal of Human Biology: the Official Journal of the Human Biology Council*, 19(2), 155-164.

- Daanen, H. A., y Van Marken Lichtenbelt, W. D. (2016). «Human whole body cold adaptation». *Temperature*, 3(1), 104-118.

- Vakirlis, N., Vance, Z., Duggan, K. M., y McLysaght, A. (2022). «De novo birth of functional microproteins in the human lineage». *Cell Reports*, 41(12), 111808.

- Klunk, J., Vilgalys, T. P., *et al.* (2022). «Evolution of immune genes is associated with the Black Death». *Nature*, 611(7935), 312-319.

- Seitz, B. M., Aktipis, A., *et al.* (2020). «The pandemic exposes human nature: 10 evolutionary insights». *Proceedings of the National Academy of Sciences of the United States of America*, 117(45), 27767-27776.

- Fitz-James, M. H., y Cavalli, G. (2022). «Molecular mechanisms of transgenerational epigenetic inheritance». *Nature Reviews. Genetics*, 23(6), 325-341.

- BBC Future. (9 de julio de 2019). «Has humanity reached peak intelligence?».

REFERENCIAS INTERLUDIOS

¿Cuál es el verdadero genoma humano?

- https://www.genome.gov/human-genome-project
- Rhie, A., Nurk, S., *et al.* (2023). «The complete sequence of a human Y chromosome». *Nature*, 621(7978), 344-354.
- Miga, K. H., Koren, S., *et al.* (2020). «Telomere-to-telomere assembly of a complete human X chromosome». *Nature*, 585(7823), 79-84.

El animal con el genoma más grande

- Schartl, M., Woltering, J. M., Irisarri, I. *et al.* (2024). «The genomes of all lungfish inform on genome expansion and tetrapod evolution». *Nature* 634, 96-103.

Trapicheo de genes

- Johnson, C. M., y Grossman, A. D. (2015). «Integrative and Conjugative Elements (ICEs): What They Do and How They Work». *Annual Review of Genetics*, 49, 577-601.

Evolución a marchas forzadas

- Cabin, Z., Derieg, N. J., *et al.* (2022). «Non-pollinator selection for a floral homeotic mutant conferring loss of nectar reward in Aquilegia coerulea». *Current Biology: CB*, 32(6), 1332-1341.e5.

Virus vanpiro esiten

- deCarvalho, T., Mascolo, E., *et al.* (2023). «Simultaneous entry as an adaptation to virulence in a novel satellite-helper system infecting Streptomyces species». *The ISME Journal*, 17(12), 2381-2388.

Un cromosoma menos

- Fan, Y., Linardopoulou, E., *et al.* (2002). «Genomic structure and evolution of the ancestral chromosome fusion site in 2q13-2q14.1 and paralogous regions on other human chromosomes». *Genome Research*, 12(11), 1651-1662.

Eva mitocondrial

- Cann, R., Stoneking, M. y Wilson, A. (1987). «Mitochondrial DNA and human evolution». *Nature* 325, 31-36.

Salamandras ensatina de California

- Mongabay (5 de mayo de 2019). «Salamandras de Estados Unidos enfrentan un hongo mortal».

Una hipótesis que abre muchas puertas. Organismos multicelulares

- *Quanta Magazine* (24 de julio de 2024). «The physics of cold water may have jump-started complex life».

ADN basura

- Ampligen (n. d.). «ADN basura».

Un mensaje emponzoñado

- Arne Weiberg *et al.* (2013). «Fungal Small RNAs Suppress Plant Immunity by Hijacking Host RNA Interference Pathways». *Science,* 342,118-123.